ASAHI SENSHO
朝日選書
1036

蝶と人と　美しかったアフガニスタン

尾本惠市

朝日新聞出版

目次

蝶と人と　美しかったアフガニスタン

はじめに……3

第一章　蝶から人へ……15
1　原点は昆虫少年……15
2　信じられない幸運……22
3　偶然が決めた人類学への道……25
4　生物の多様性と美……27
5　人類学者としてのスタート……32
6　楽しかったドイツ留学……35
7　新しい人類学……37
8　すぐれた自然史博物館……42

第二章　ことのはじめ――ロンドンにて……45
1　大英自然史博物館……45
2　〝皇帝〟モンキチョウ……46
3　ワイアットとの出会い……56
4　アウトクラトールとは何者か……61

第三章 **首都カーブル到着**……69

1 ミュンヘンからカーブルへ……69
2 バザールの賑わい……74
3 ラピスラズリ……75
4 パグマンへ……79
5 足慣らしでパンジャオへ……98
6 新種オモトシジミを発見……107

第四章 **幻の蝶を求めてヒンドゥークシ（山脈）へ**……113

1 キャラバンの出発……113
2 雪のアンジュマン峠を越える……126
3 アフガニスタンにマスがいた……131
4 タジーク人村長との交遊……142
5 ついにアウトクラトールを採る……150
ワイアットの流儀／ホジャ・マホメッド山脈／ヌリスタン／ワキルハーンは何を望んでいるのか？／バラクランという地名／アンジュマン川のマス
6 マルコポーロ・モンキチョウとの遭遇……180
高山蝶の宝庫／猟師フズラオ／マルコポーロ・モンキチョウのその後／バラクランを撤収する

第五章 **アウトクラトール探査行を終えて**……215

1 カーブル博物館……215

2 アフガン人の団体競技……226
3 ふたたびパグマン地区へ……231
4 シルクロードの要衝バーミヤーンへ……238
嘆きの都——シャーリ・ゴルゴラ／破壊前の摩崖大仏／絶景のバンディ・アミール湖
5 ハザーラ人およびアフガニスタンの人種・民族……252

第六章 **パルナシウスをめぐる出来事**……261

1 プルゼワルスキー・ウスバアゲハの盗難事件……261
最珍・最美のパルナシウス／ドイツの博物館からの盗難／ボンのケーニヒ博物館に返還
2 分子系統解析によるウスバアゲハ亜科の進化史……275
ミトコンドリアDNAで探るパルナシウスの多様性／先祖はシリアアゲハか、イランアゲハか？

二足のわらじ――あとがきにかえて……287
昆虫少年と多様性の涵養／学問と蝶のテラ・インコグニータに踏み入れる／進化遺伝学の進展と研究手法の変化／クロウ先生のこと／木村先生のラン育成／「ランなどやらなければよかった」

おもな参考文献……300

装幀・目次レイアウト　荒瀬光治（あむ）
図版作成　　鳥元真生

蝶と人と　美しかったアフガニスタン

尾本惠市

はじめに

「アフガニスタンは、荒涼とした、岩がちの美しい土地である。雪に覆われた山々があるかと思えば、不毛の沙漠や、起伏にとんだステップも広がっている。（中略）国土のおよそ三分の二が標高一、五〇〇メートル以上で、世界有数の高さを誇る山もいくつかある」。これは、英国の歴史学者マーティン・ユアンズ（Sir Martin Ewans）の『アフガニスタンの歴史』（金子民雄監修、明石書店、二〇〇二）の冒頭の文章で、この国の風土を静かで美しい山のそれと描いている。

雪に覆われた山々とは、アルピニスト（高度の技術をもつ登山家）が主に目的とする標高五〇〇〇〜七〇〇〇メートルの高山のことで、アフガニスタン北部・バダフシャーン地方のヒンドゥークシ山脈に属し、山続きのカラコルム山脈（パキスタン北部）とともにインド北部の大ヒマラヤ山脈の西につらなる。なお、ヒンドゥークシ（ヒンズー・クシュとも）とは「インド人殺し」の意味で、その昔、中央アジアに連れてゆかれるインド人奴隷にとって苦難の山越えだったことが根拠とされる。

シルクロードの十字路などとも呼ばれるこの国は、北は旧ソ連邦のウズベキスタン、タジキス

世界の屋根の一角を占め、高地には多様な蝶が生息するアフガニスタン。アンジュマン村より6000メートル級の高山がみえる（1963年著者撮影。以下、本書内の断りのない写真は著者撮影、著者提供）。

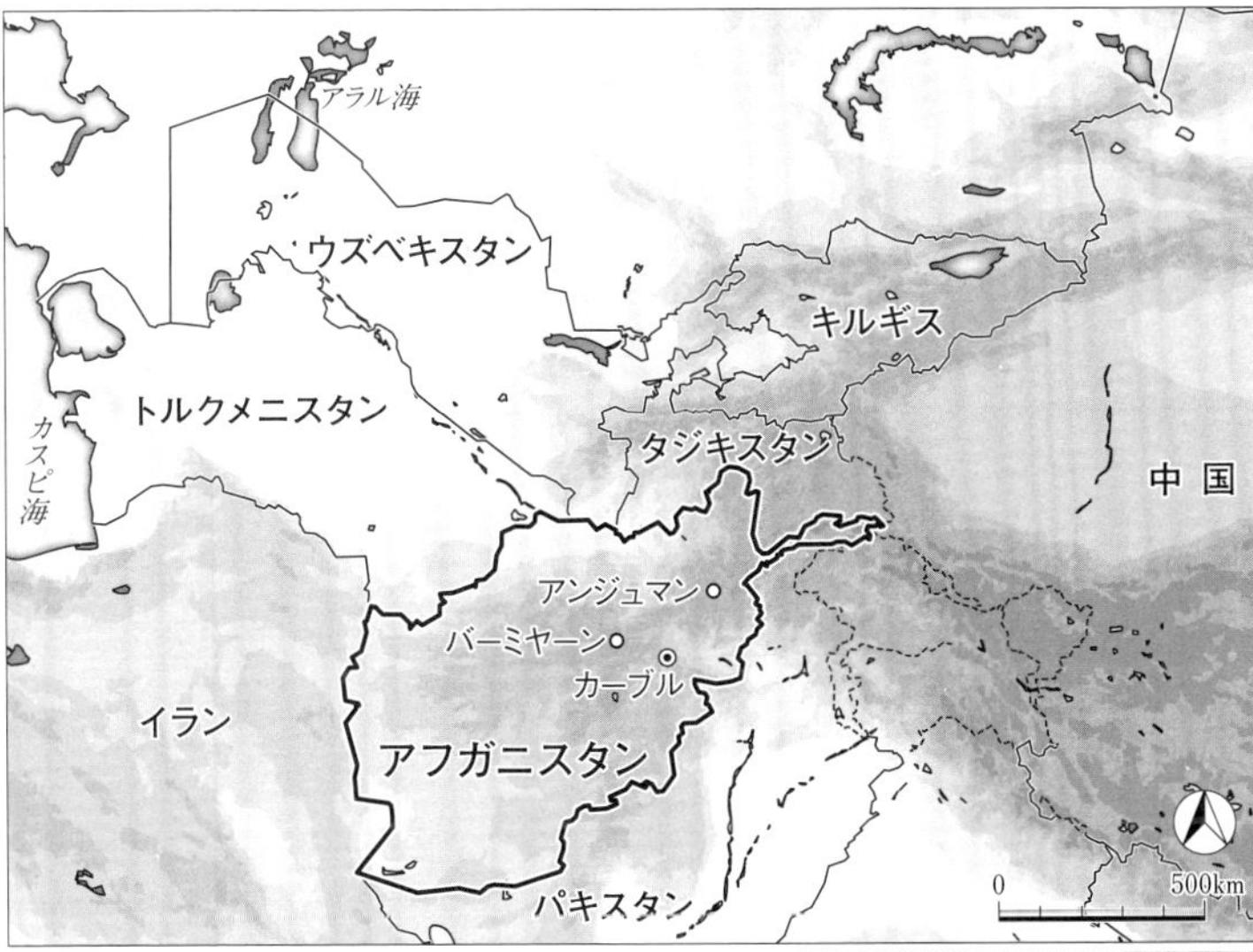

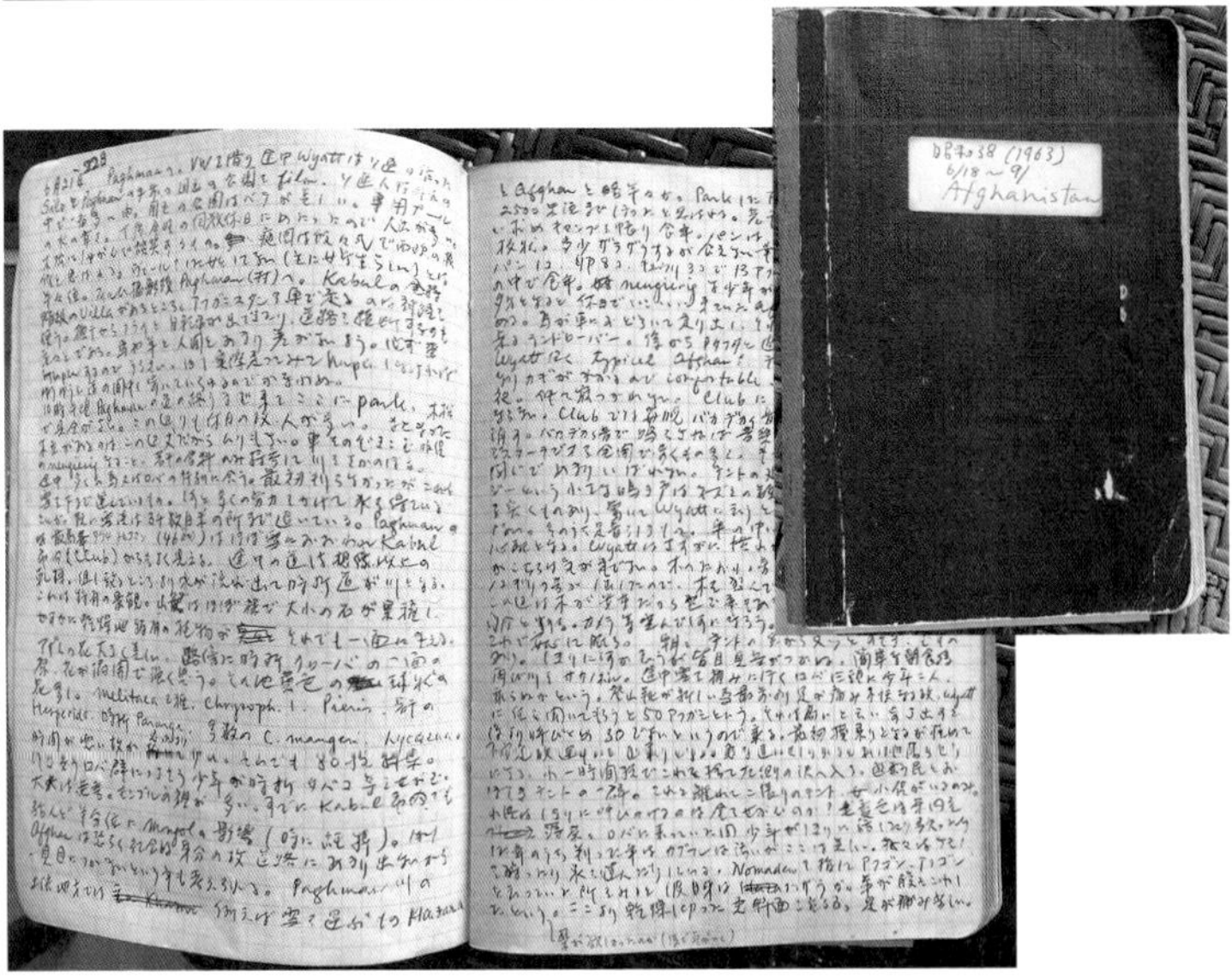

上）アフガニスタンの位置。下）著者の日記帳。アフガニスタンの旅でのできごとを日々、記していた。

タンに、西はイラン、トルクメニスタン、東はパキスタンや中国などの国々に囲まれていて、古代よりさまざまな文明の交流の場となり独自の文化や芸術が生まれたが、歴史上、部族間抗争や外国による侵略や戦争も頻繁に起きた。アレキサンドロス大王、玄奘三蔵《げんじょうさんぞう》、マルコ・ポーロ、イブン・バットゥータらが通り過ぎた地でもある。アルピニストや探検家、歴史・考古学・民族誌などに興味をもつ専門家らにとって、この国は本来非常に魅力的で国際的に人気のある訪問地であった。

しかし、である。テレビなどの報道によって昨今われわれが目にするのは、イスラム原理主義の支配者タリバン軍による暴力と破壊によって人権を侵され逃げ惑う婦女子や庶民の姿であり、今日のアフガニスタンは外国人が安易に訪れる場所ではなくなったと認めざるをえない。

ただ一つ、暗黒の中の一筋の光明のように、中村哲《なかむらてつ》氏（一九四六〜二〇一九年）という、博愛主義者シュワイツァー（Albert Schweitzer）博士の日本版ともいえる存在によって、アフガニスタンで人間性の善なるきわみが示された。このことを私は日本人として誇りに思う。二〇一九年一二月四日、アフガニスタンで農民のための灌漑《かんがい》事業を指導していた中村氏がイスラム原理主義者の凶弾によって亡くなった旨の報道に接し、言葉を失った。

最近、彼の名著『天、共に在り』（NHK出版、二〇一三）を読んでアッと驚いた。偶然にも、彼の原点は私と同じく「昆虫少年」で、しかもハンセン病棟の医師としてアフガニスタンに渡るときにも蝶のことが念頭にあったという。少し長いが引用してみる（同書一三〜一六ページ）。

私とアフガニスタンを結んだのは、昆虫と山である。今から三十五年前の一九七八年六月、福岡の山岳会「福岡登高会（故・池邊勝利会長）」のヒンズークッシュ遠征隊に参加したのがきっかけであった。ヒンズークッシュ山脈は、ヒマラヤ・カラコルム山脈に連続する大山塊で、最高峰がティリチミール（七七〇八メートル）、世界の屋根の西翼をなしている。アフガニスタンの大部分がこの大山脈にすっぽり包まれる。我々が作ったマルワリード用水路もまた、その支脈ケシュマンド山系南麓を廻る。

このヒンズークッシュ山脈の北麓にパミール高原があり、モンシロチョウの原産地だといわれている。また高い山岳地帯は、氷河時代の遺物といわれる昆虫たち、特にアゲハチョウ科のパルナシウス（アポロチョウ）が生息することで有名である。私は十歳の頃、昆虫のとりこになって現在に至るが、ヒンズークッシュは一度訪れたい場所のひとつであった。何も初めから、「国際医療協力」などに興味があったわけではない。

私は人間として中村氏にはとても及ばないが、次のような類似点はある。

（1）大人になっても「昆虫少年」。とくに蝶のことは詳しい。

（2）人間を扱う学問や職業（彼は医師、私は人類学・遺伝学者）。

（3）登山愛好家。

（4）アフガニスタンとの強いつながり。
（5）ヒンドゥークシの蝶に魅せられた（本書の核心）。

さて、登山はスポーツであるが、「探検とロマン」でもある。「なぜ山（エヴェレスト）に登るのか？」と聞かれたジョージ・マロリー（George Mallory）は、「そこに山があるからだ」と答えた。山そのものがロマンの対象となっている。アルピニストが極めるべき山はふつう人跡未踏の奥地にあり、危険で何日もかかるアプローチはまさに探検で、いわば登山のハード面である。また標高や頂上への登山ルートの難度で一番のり（初登頂）をめざすのが目的で、その山の姿・形・登山歴を思いながらの願望やとりとめもない夢がロマン、つまりソフト面の内容となる。

しかし、実は私にとっての登山は登頂を意味しない。山麓の草原でも、場合によっては「山」なのである。重要なのはむしろロマンのほうで、その山に登ることによってもたらされる「あるもの」への想いが原点である。仮に私が「なぜ山に登るのか」と聞かれたとしよう。答えは「そこに好みの蝶（高山蝶）がいるから」となる。しかも苦労して登るからには、よほどの珍種（運がよければ新種）を発見・採集することが求められ、その夢が実現したときの喜びは計り知れないし、学問的記録にもなりうる。私は富士山に登ったことはないし、登りたいとも思わない。活火山なので蝶がいないからである。

ところで、蝶のコレクターにはいろいろある。熱帯のジャングルに棲《す》む原色の蝶たち（たとえ

右）ウスバキチョウ（渡邊康之撮影）。左）ミヤマモンキチョウ。

ばニューギニアのトリバネアゲハや中南米のモルフォ）に目のない人がいるかと思えば、日本産の約二〇〇種をすべてネットするため列島をくまなく歩きまわる人もいる。アゲハチョウ科、シロチョウ科、ジャノメチョウ科、タテハチョウ科、マダラチョウ科、シジミチョウ科、セセリチョウ科など分類学上異なるグループのどれかを集中して集める人、さらに蝶の幼生期の飼育に興味がありネットで追いかける代わりに幼虫の食草（フッド・プラント）集めに苦労する人もいる。蝶の飼育で有名だったのは、珍しくも政治家の故鳩山邦夫《はとやまくにお》氏だった。

私の蒐集《しゅうしゅう》の中心は「高山蝶」である。これは、文字どおり、高い山に棲む蝶のことで、日本では、およそ次の五〜八種類がこれにあたる。

（1）北海道の大雪山のウスバキチョウ、アサヒヒョウモン、ダイセツタカネヒカゲ、カラフトルリシジミ

（2）本州の北アルプスなどのミヤマモンキチョウとタカネヒカゲ

（3）その他、少し標高の低い山に広く分布するベニヒカゲとクモマベニヒカゲ

これらの種は、もともと日本で生まれたのではなく、先祖は氷河時代に陸続きだったユーラシア大陸から渡来してきたと考えられている。

世界的にみれば、高山蝶はユーラシア中部の「世界の屋根」や南米のアンデス山脈では標高五〇〇〇メートルまたはそれ以上の高地でも採集されるが、極北に近い高緯度の極寒地では平地にいる。つまり、寒冷気候に適応して進化したグループの蝶と理解される。

その中で、大学生のころから私が特に興味をもっていたのが北海道大雪山《だいせつざん》のウスバキチョウと北アルプスや浅間山《あさまやま》などのミヤマモンキチョウである。前者は、薄羽黄蝶の意味で名づけられたが、れっきとしたアゲハチョウ科のウスバアゲハ属（学名パルナシウス *Parnassius*）の一員である。代表的な種の学名を用いて「アポロチョウ」（リンネ Carl von Linné が一七五八年に命名）とも呼ばれる。やや透明な翅《はね》や、後翅《こうし》の尾状突起がないことなど、アゲハチョウ科の中では異色の存在である。なお、日本にはウスバシロチョウとヒメウスバシロチョウという、高山蝶とはいえない二種のパルナシウスがいるが、大陸の先祖は高い山にもいたと考えられる。これらは従来〇〇シロチョウと呼ばれているが、アゲハチョウ科の一員なのでウスバアゲハ属の名がふさわしい。

後者は、シロチョウ科のモンキチョウ属（学名コリアス *Colias*）の蝶で、パルナシウスと同じ寒地性の蝶である。後述のように、のちの人生に影響を与えた出来事のために、私には特別の思い入れがある種である。

パルナシウスもコリアスも、日本では一種ずつが高山蝶として知られるのみだが、世界では前者は約五〇種、後者は約七〇種（本当の数は誰にもわからない）という多数の種が認められる。これらの蝶は、主としてユーラシア大陸中央部の「世界の屋根」とよばれる高山地帯（中央アジア、ヒマラヤ山脈、中国西部など）およびユーラシア大陸と北アメリカ大陸の極北を含む北部、さらに南アメリカ大陸のアンデス山脈およびパタゴニアなどにのみ棲息《せいそく》していて、寒地の環境に適応して進化した種類であることがわかる。これらの高山蝶の種がいかにして日本にやってきたかを知りたい、というのが私の夢であった。

いつのまにか、ほぼ七〇年にわたって集められたおよそ二万七〇〇〇点の蝶標本は、東京大学総合研究博物館に寄贈され「尾本コレクション」と呼ばれて、形態分類学だけでなくDNA分子系統学も含めた学際的研究にも利用されている。関心のある方は、コレクションの管理者である同博物館の矢後《やご》勝也《まさや》博士に問い合わせていただきたい。

大学生のころ（一九五〇年代）、外国の原色図鑑で色彩豊かなパルナシウスやコリアスの図を眺めながら、いずれはこれらの蝶を自分で採集すると心に決めた。しかし、そんなことが現実になるとは思えなかった。なにしろ、これらの蝶の産地は旧ソ連や中国にあり、「鉄のカーテン」によってさえぎられていたので、せいぜいドイツや英国の蒐集家との交信によって情報を集め、また古い標本を少しばかり、日本の蝶・蛾《が》との交換によって入手していたにすぎない。しかし、ヨーロッパの専門家とのつながりを得たことは、後日、私のロマンの実現にとっては大いに役立った。

本書の中心として登場するのが、世界でアフガニスタンの高山にのみ棲み、幻と呼ばれたパルナシウスの一種および、私が発見して命名したコリアスの一亜種である。私は六〇年も前（一九六三年）にまれな偶然からこれらの蝶に深く関わることになった。

当時、私が訪れたアフガニスタンの自然と人とは、今では信じられないほど美しく平和であった。人類学者としての私は、むろんこの国の人種・民族の著しい多様性にも大いに興味をもち、観察などをおこなった。ただし同じころ、アフガニスタンでドイツ人の登山家のキャンプが遊牧民に襲われて死者が出たとの報道があり恐ろしくはあった。しかし、この国での滞在は約三カ月に及び、その間、テントの近くを不気味な遊牧民の一団が通ることが何度もあったが、真に危ない目には一度も遭わなかった。万一のことを考えて注意してはいたが、遊牧民がみな危険というわけではないと、楽天的に構えていた。そうでなければ、人類学者はつとまらない。人類学も山登り同様に「探検とロマン」の学問なのである。

遊牧民よりはるかに恐ろしいのは戦争や部族間抗争、また個人間の争いに巻き込まれることである。私は幸運にも、これらの紛争が比較的少なかった一九六〇年代初頭に各国の登山隊とともにアフガニスタンの山岳地帯を訪れた。しかし、一九七〇年代になるとソ連の侵攻とそれに対抗するアメリカやイスラム勢力による軍事衝突が増し、さらに観光客の増加に伴う現地人とのいさかいも増え、アフガニスタンはもはや旅行者にとっては危険すぎる場所となってしまった。

一九六三年のアフガン探検で私はたくさんの写真（カラー）を撮ったが、一部の蝶の写真を除き、公表する機会がなかった。中でも、二〇〇一年にイスラム原理主義者の暴挙によって爆破されてしまった、有名なバーミヤーンの二体の摩《ま》崖《がい》大仏像の往年の姿など、今となっては歴史的に貴重な記録になると思われ、世に問いたいと思っていた。本書では、当時の旅行記録にもとづき私の「探検とロマン」を披露したいと思うので、お付き合い下されば幸いである。

（注）アフガニスタンの地名については一九七〇年を境に大きな変化があり、地図によって表記が違うので困った。また表記にしても、アフガーニスタンやパキスターンのように現地の発音通りに母音を伸ばして書くのが正しいか、一般に国際的に用いられているようにアフガニスタンやパキスタンでよいかは、著者の好みにまかされているようだ。ただ一つ、実際に聞いてはっきりしたのは首都 Kabul の呼び方で、日本ではほとんどの機会にカブールといわれてきたのは誤りで、カーブルが正しいことであった。
なお、本書で「蝶」と「チョウ」という表記を区別して用いているので奇異に感じる方がおられよう。説明しておく。「蝶」は英語のバタフライに相当する昆虫を総括的に表現する（たとえば、「蝶と蛾」のように）。個々の種名は問題にしない。具体的に個別の種やなんらかの分類単位を含意するときは「チョウ」を用いる。たとえば、アゲハチョウやシロチョウなど。

第一章　蝶から人へ

1　原点は昆虫少年

想い出すのは、もの心がついた三〜四歳ごろのことである。家の前の板塀《いたべい》に止まってゆっくり翅《はね》を開閉させている、黒地に青い帯の蝶に目を奪われた。親に買ってもらった昆虫図鑑をみると、それはルリタテハだった［一六頁の図］。そして、蝶は昼間、蛾《が》は夜間に飛ぶことや、蝶にはアゲハチョウ、シロチョウ、タテハチョウ、ジャノメチョウ、シジミチョウ、セセリチョウなど、似たもの同士のグループ（「科」）があり、それぞれにさまざまな種類がいることなどを知った。

たしか幼稚園のころ、私が生き物（自然）に興味をもっていることに気づいた父が小型の顕微鏡を買ってきて、家の前のドブの水を一滴取ってみせてくれた。なんと、画面いっぱいにさまざまな形の「虫」がうごめいているではないか。私は息をのんだ。後日わかったことだが、これら

ルリタテハ

は昆虫ではなく、ゾウリムシなどの原虫類（単細胞生物）である。身近な生き物にも驚くべき「多様性」があり、そのことが「おもしろい」、いいかえれば「美しい」という、私の学者人生の基本となる信念はこうした幼いころの原体験によって刷り込まれた。

　戦前（一九四一〈昭和一六〉年以前）、私が住んでいた東京都品川区の住宅街にも、今では信じられないほど多くの種類の昆虫（蝶だけでも二〇種類ほど）がみられた。庭の桜の大木をめぐって何匹もの、宝石のように光り輝く甲虫《こうちゅう》ヤマトタマムシが飛び交っていたし、庭木の上をゴマダラチョウ（白黒のごまだら模様のタテハチョウ）が悠々と滑空、ツツジの花にはカラスアゲハ（黒地に青や紫の色が美しい）が訪れ、ごみ捨て場にはキマダラヒカゲ（茶褐色の斑紋のジャノメチョウ）が群がっていた。これらはみな、子どもでも採集できる普通種だったが、現在の東京ではほとんどみられない。

　逆に今は、以前はみられなかった蝶が都心でも目につく。中国原産の外来種アカホシゴマダラで、おそらく誰かが中国からもち帰って飼育していた蝶が故意か、あるいは不注意かによって逃げたものが増えたのであろう。赤紋のあるきれいな蝶ではあるが、問題は、近縁の在来種ゴマダラチョウと幼虫の食樹（エノキ）が同じであることである。困ったことには、外来種は在来種より繁殖力が強いのが一般的である。その結果、日本固有の在来種ゴマダラチョウは競争に敗れ、今や絶滅が心配されている。
ところで、私の母方の祖父（桂弁三《かつらべんぞう》）も父（尾本義一《おもとよしかず》）も理系の大学教授だった。冶金《やきん》学が専門の祖父は、私に色とりどりの鉱物のかけらをくれて、それらが鉄や銅などさまざまな金属でできていることを教えてくれた。また彼は、相当な美食家で、あるとき一緒に松並木で松露《しょうろ》（和産マッシュルーム）を探して食べたことがあった。父の専門は電気工学だったが、よく私を科学博物館に連れてゆき、機械の模型や化石などの標本を通じて、私が科学や工学に興味をもつように仕向けたようである。

一方、母からは、幼児のころから情緒面での影響を受けた。俳句を教えてもらい、連れ立って買い物に行く道すがら、周囲の景色を俳句にして母を喜ばせた。母がピアノを弾いていると、幼い私は、足元にまとわりついて聞くのが楽しみだった。一つの小曲のメロディーが、耳に残っているが、それはドビュッシーの『アラベスク』であった。

上）ゴマダラチョウ。下）アカホシゴマダラ

週末には、しばしば父は昆虫採集の用具をもった私を、奥多摩の御岳《みたけ》などへのハイキングに連れていってくれた。私が初めて、都心には少ないオナガアゲハをネット・インしたとき、父は昆虫採集の趣味はないのに一緒に喜んでくれたことを覚えている。祖父や父をみながら育った私は、子どもながらに自分も大学の理科の先生になると、勝手に夢みていた。

小学校に入り、一人で昆虫採集に行けるようになると、週末も夏休みも東京の郊外や近場の山で蝶の採集に明け暮れた。一度、東京近郊の高尾山の山頂で予期せず飛んできたオオムラサキ**［二〇頁上の図］**を取り逃がした悔しさを、今でも忘れない。一九四〇年代、神奈川県厚木市の近くの城山《しろやま》という場所がギフチョウの好産地だった。この原始的なアゲハチョウは日本だけにいる「固有種」で、早春に限って現れる。毎年四月初めになると、級友の長澤宏《ながさわひろし》君（のちの学習院大学教授）と連れ立って、まだ緑の少ない雑木林《ぞうきばやし》の縁をめぐって、スミレの花に吸蜜《きゅうみつ》に来るこの異型アゲハを採るのが楽しみだった。コツバメというごく小さなシジミチョウも必ず一緒にみられ、これら春一番に現れる蝶たちはスプリング・イフェーメラル（spring ephemeral　春の束の間の来訪者の意）と呼ばれて愛されている。

中学生のころ訪れた長野県八ヶ岳の麓にある松原湖《まつばらこ》で、思いがけず珍品オオイチモンジ（一文字の白帯をもつタテハチョウ）の美しい雌《めす》を採った**［二〇頁下右の図］**。蝶では雌は雄《おす》に比べて圧倒的に少ない。夏休みの宿題には、自慢の蝶がずらりと並んだ標本箱を提出し、級友たちからは昆虫博士と呼ばれていた。これは誉め言葉というより「変わり者」のことだったが、幸い私が在籍した東京高等師範（現・筑波大）附属校（小、中、高）はリベラルな校風で、変わり者がむしろ一目置かれて、いじめられることなどはなかった。

考えてみれば良き時代だった。私にとって幼・少年期の遊びといえばもっぱら昆虫採集と将棋だったが、父の影響もあって、有名な文学書も多読した。やがて、昆虫少年としては当然ながら、ダーウィン（Charles R. Darwin）の『ビーグル号航海記』など進化論に関係する本に興味を覚えて、将来は大学で蝶の進化を研究しようとさえ思っていた。多様性こそ進化の原因であると知っていた。

ここで、昆虫など嫌いだという親御さんのために、いささか手前味噌《みそ》になるが、子どもの精神的発達にとって昆虫採集がいかに「ためになる」か、以下の点をお考えいただきたいと思う。

（1）自然の観察と理解は環境問題や生物多様性への興味を生む。

（2）運動と健康。採集のための山歩きは適度の運動になり、森林浴は健康によい。蝶を追いネットで捕らえる技術は運動神経の訓練になる。

（3）注意力の養成。道端の植物の葉に蝶の幼虫がついていないかなど、たえず周囲に注意しながら歩く。この癖がつくと、大人になっても非常に注意深く行動し、事故に遭わない習慣がつく。臨床心理学の研究によれば、周囲に注意しながら歩くことは「空間認知力」の強化になる。

著者が子どものころに夢中で採集した蝶。上の図は江戸時代後期の松森胤保（まつもりたねやす）『両羽博物図譜』蝶部下収載（酒田市立光丘文庫所蔵）のオオムラサキ。幕末から明治に生きた庄内藩士松森胤保は武士としての責務を果たすとともに、少年時代からの博物趣味を開花させる文字どおり文武両道の傑出した人物であった。過日著者は、山形県酒田市立中央図書館に架蔵される『両羽博物図譜』を見て驚嘆した。図はすべて彼の肉筆で、しかもその出来栄えが見事である。中でも、息子と一緒に「大蝶」（オオムラサキ）を追いかける場面の文章は、ほほえましくもこの蝶の習性を正確にとらえている。そして、肉筆の挿絵として採集した雄と雌を図示しているが、きわめて正確かつ美しい出来栄えである。下左はカタクリの花を訪れたギフチョウ（永幡嘉之撮影）、下右はオオイチモンジの雌（尾本コレクションより）。

上右）北海道で採集、発見した異常型チトセモンキチョウ。中右）モンキチョウの雌雄型。
上左）屋久島のミヤマカラスアゲハ。中左）ツマベニチョウの雄と雌。

第二章48頁参照。ワレングレンのポンテンモンキチョウ。スウェーデン、アヴェラネーダ博物館のショーベリイ氏撮影。

アポロチョウ

（4）語学。ときに外国人コレクターとの標本交換が必要になるので、相手との文通のため語学に興味をもつ。私の場合、高校生のときに英国やドイツのコレクターと交流するためににわか勉強の英語やドイツ語で手紙を書いた。また、昆虫の学名はラテン語やギリシャ語が使われていることが多く、これらの言語にも興味をもつようになり、国際人として知識の幅が広がる。

（5）探検心の育成。珍品を求めて見知らぬ奥地への希求が身につく。新奇性を求める探検精神は、どんな専門分野でも役に立つであろう。

2　信じられない幸運

大学に入って初めての夏休みには、待ちに待った北海道への採集旅行に出かけた。当時、飛行機は贅沢《ぜいたく》だったので、東京から夜行列車で青森に行き青函《せいかん》連絡船で函館へ、さらに縁故があった千歳《ちとせ》市についた。ここで、生涯の蝶への興味を決定的にした、ある運命的な出来事があったのである。

忘れもしない、一九五二（昭和二七）年七月二〇日のことだった。千歳高校の構内のクローバーの茂みの上にモンキチョウがたくさん飛んでいた。この蝶の名前は、羽は黄色で黒い縁の部分に黄色の小さな紋があることからきている（紋黄蝶）。何頭か（蝶は一頭、二頭と数える）採っているうちに異様な一頭に気づきドキッとした。その個体は、黒縁中の紋が完全に消失した新鮮な雄であった。前翅《ぜんし》の形も少し変わっていて、まるで外国産のコリアス（モンキチョウのグループ）のようである【二一頁右上の図】。新種発見か！　と思い、そこに飛んでいたモンキチョウを片端から採ってみたが、みな普通の色彩斑紋で、変わったものはみられなかった。新種ではなかったことになる。

ほかの昆虫でも同じだが、蝶には別の種と思えるほどの変わり者がいて、「異常型」と呼ばれている。その多くは突然変異によって生まれた、きわめてまれな個体で、標本はコレクターによって珍重される。以前から、わが国には長野県の沓掛《くつかけ》で発見されクツカケモンキチョウと名づけられた異常型が知られていた。しかし、私が採集したものは翅の形や斑紋など、これとは全く違う新型と判断されたので、後日、国立科学博物館の黒澤良彦《くろさわよしひこ》博士と共著でチトセモンキチョウ（*Colias erate poliographus* ab. *chitosensis*）と命名して学会誌に報告した。以後、同じ異常型が採れたという報告を聞かない。

話はこれだけではない。千歳で大珍品を得た興奮が冷めやらぬ中、夜行列車に乗り翌二一日の朝、私は大雪山の麓にある安足間《あんたろま》という辺鄙《へんぴ》な駅で降り、登山道を歩き始めた。道端にはモンキチョウがたくさん飛んでいる。この蝶は普通種なので普段はあまり気にとめないが、前日のことがあるので私は注意して観察しながら歩いていた。

すると、目の前を通り過ぎようとした一頭のモンキチョウに何か違和感を覚えた。ややゆっくり飛んでいたのでたやすくネットに入れ、外から胸を押して殺そうとしたとき、アッと驚いた。震える手でネットから取り出し手のひらに載せてみると、なんと、右と左の翅の色が違うではないか。右翅は雌の白色、左翅は雄の黄色である。このような個体は「雌雄型《しゆうけい》」（雌雄同体または性モザイク）と呼ばれ、異常型よりさらにまれな大珍品である。蝶のコレクターは大勢いるが、自分で雌雄型を採集したことがある人はごく少ない。

夕方になり、宿泊地の愛山渓《あいざんけい》温泉についた。偶然のことに、わが国の蝶研究の第一人者である九州大学の白水隆《しろうずたかし》先生や蝶の生態写真家の井上正亮氏が来ておられた。三角紙（パラフィン紙を三角に折ったもの）に包まれた二頭のモンキチョウをみせると、先生は目を丸くして驚かれ、「君は、たいへんなものを採ったね」といわれた［二一頁右上と右中の図］。

たとえてみれば、二日連続して宝くじの特等賞に当たったたようなことで、にわかには信じられない幸運である。「ひょっとしたら私はたいへんな幸運の持ち主か」、また「天が私にモンキチョウの研究をするように仕向けているのか」などの想いが頭をよぎった。このことから自己暗示の結果か、私に、世界のモンキチョウ類（分類学上は「属」）を専門的に収集・研究する夢が生まれた。

日本には、どこにも普通にいるモンキチョウと北アルプスや浅間山などの高山蝶ミヤマモンキチョウの二種しかいない。しかし、外国の蝶類図鑑などをみるとモンキチョウ属（学名をコリアス *Colias* という）の蝶は、ユーラシア大陸の北部および中央アジア高地、また南北アメリカ大陸の高山などに約七〇種が分布する。翅の開長約五センチメートルに満たない小ないし中型の蝶だが、赤や黄、緑の華麗、かつ、多様な色彩に加えて、その産地がソビエト連邦や中国の奥地、ヒマラヤや中央アジアの高山で、入手がきわめて困難な種類が多いためコレクター垂涎《すいぜん》の的であった。

また、モンキチョウ属とほぼ同じ中央アジアなどの地域に分布し、多様性と珍奇性でコレクターを魅了していたのがウスバアゲハ（パルナシウス *Parnassius*）属である（ウスバシロチョウとも呼ばれたが、シロチョウ科ではなくアゲハチョウ科に属する）。世界におよそ五〇種がいるこのグループは、ヨーロッパでは絶滅危惧種に指定されているアポロチョウ（*P. apollo* 真っ白の地色に一個の丸い赤紋をもち、まるで日の丸の旗のようである）に代表される。古くからヨーロッパのコレクターの間で人気が高い［二一頁下左の図］。

先に述べたように、高校生から大学生のころ、私は科学博物館でザイツ（A. Seitz）の『世界の大型鱗翅目』など外国の蝶類図鑑を眺めては、いつかチャンスがあれば中央アジアの高山でこれらの蝶を自分で採集することを夢みていた。本書で明かされるようにそれは正夢となり、およそ七〇年間の蒐集《しゅうしゅう》の結果は現在、東京大学総合研究博物館（UMUT）に「尾本コレクション」として保管されている。

3　偶然が決めた人類学への道

入学した大学の教養学部の居心地はよいとはいえなかった。多くの学生は、専門課程の希望の学科に進学するため試験の点数を上げることに汲々《きゅうきゅう》としていて、付き合う気がしない。私のように、必修科目の数学や物理学、化学より、むしろ選択科目の哲学や世界思想史、精神病学などの講義に興味をもち、趣味の蝶集めやピアノの練習を優先させるような学生は、当然ながら「落ちこぼれ」になった。

一九五〇年代の当時、上野にあった科学博物館の昆虫研究部に頻繁に通い、黒澤良彦博士から昆虫分類学の基礎を学んだ。また、当時の東大医学部の寄生虫学教室にもしばしばお邪魔した。佐々《さっさ》學《まなぶ》教授という、医師というより昆虫分類学・寄生虫学で世界的に著名な先生の個人的な教えを乞うためである。先生は、港区白金の伝染病研究所（現・東京大学医科学研究所）の裏手の草深い場所に、なぜか、プレハブのような粗末な研究室をもっておられた。

そこでお目にかかったのが、のちの東京医科歯科大学長の加納六郎《かのうろくろう》博士で、この先生にもずいぶんお世話になった。後日、先生は沖縄でハエやカを集める本職のついでに蝶も採集され、私が標本整理を任されたことがあった。石垣島の標本を鑑別しているとみなれないシジミチョウに気づいた。産地をみると、なんたる偶然か、オモト岳ではないか（漢字では於茂登岳）。研究の結果、台湾などにいるヒメウラナミシジミ（*Prosotas nora*）の新亜種と判定して、「加納の」を意味するカノーイ（*kanoi*）という亜種名を付けて発表した。これが私の単独での初の分類学的記載となった。

4　生物の多様性と美

私が大学に入った一九五〇年代は、ワトソンとクリックのDNAモデルの発見（一九五三年）を契機として分子生物学という新しい分野が華々しく登場した時代である。将来の進路について先生や先輩たちの発言を聞いていると、今や大学での生物学の中心課題は「生命の法則性」の追究であるという。しかし、それは生物を物理学・化学によってDNAに還元して捉えるもので、私のように「多様性」から生物の特性を知りたいと考える者にとっての居場所は、大学ではなく博物館だといわれた。著名な分子生物学者の渡辺格《わたなべいたる》教授が講演で、生物の「多様性」などというものは単なる二次的現象で「本質」ではない、また「進化」は実証できないから科学の研究対象にはならないと発言されたことに強い反発を覚えた。

私は何も「博物館行き」を否定したかったわけではない。生物の研究法には二種類ある。一つは分子生物学に代表される共通性や法則性の解明で、いわば生物を物理学として理解しようとする演繹《えんえき》的手法といえよう。もう一つは多様性から出発し、その原因としての進化の解明をめざすもので、帰納的手法である。こちらの代表がダーウィンであろう。時代の風潮は前者の物理学的生物学こそが「科学」だという主張だった。しかし、後者の「ナチュラル・ヒストリー（自然史）」としての生物学も今一つの、前者とは相補的な科学である。

やがて、専門課程への進路を決めねばならない厭な時期がやってきた。成績不良の私にとって、理学部の花形学科への進学などとても無理である。「昆虫が好きなら、農学部で殺虫剤の研究でもしたら」などともいわれたが、基礎研究を志望していた私にとって、それは考慮外だった。考えあぐねた末、いっそ医学部を受験してみようと思った。理由は、佐々先生や加納先生のように、寄生虫学、つまり医学としての昆虫学が研究できると考えたからである。

さて、試験問題をみて驚いた。第一問はなんと「シラミの図を描け」というのである。今なら、難問奇問の代表として文科省のお叱りを受けるに違いないが、当時はこのようにユニークな問題がまれでなかった。現在、医者の生物離れが問題になっている。この問題には、「シラミも知らずに医者になってはならない」との出題者の意図がうかがえ、むしろ先見の明がある問題だったのではなかろうか。

私は、しめたと思った。シラミは、むろん昆虫なので六本脚だが翅はない。体は頭、胸、腹の三部からなる。すでに文明社会からほぼ駆逐されたので研究する価値がない、と考える人は多いと思う。しかし、この昆虫は開発途上国では依然として存在し、さまざまな病気を媒介することがある。

趣味のおかげで、私はシラミの特徴をなんとか描くことができたが、第二問からの生理学や生化学の問題は不勉強の私には歯が立たず、医学部への進学の夢は泡と消えた。受験に失敗した学生は、あまり人気がなく「空いている」学科に進学するケースが多かった。私は、試験勉強だけではもったいない、せっかく入った大学の生活をもう少し楽しみたかったし、理系と文系は何が違うのかも知りたかったので、文学部の独文学科に進学した。なぜか、カフカの『変身』や『城』が愛読書だったし、何よりも、昭和初期にベルリンに留学した父母が非常なドイツ贔屓《びいき》で、よく「あのころはよかった」などというのを聞いていたからである。ドイツの蝶コレクターとの交流のために、高校のときに独学で少しばかりドイツ語を学んではいたが、いずれは行ってみたいドイツの言語だけはきちんと学んでおいて損はないだろうと思った。

ドイツ文学者になる気がさらさらない私は、好きな科目だけを学び、相変わらず科学博物館に通い、蝶の収集と分類に熱中していた。あるとき、黒澤博士とともに鹿児島県の屋久島の調査をする機会があり、本州とは違う南方系の蝶にお目にかかれたのは良い経験であった。南北に長い日本列島には、同じ種類でも北と南で異なる特徴をもつ蝶がいる。ミヤマカラスアゲハ（*Papilio maackii*）が代表的な例で、北日本と南日本では同じ種かと疑うほどに色彩斑紋の特徴が違う。

われわれが訪れたのは四月だったが、一本の大きなミカンの木に満開の花が良い匂いとともに咲いていて、そこに、ミヤマカラスアゲハがツマベニチョウ（*Hebomoia glaucippe*）という大型のシロチョウとともに群れている光景は忘れられない。私は、この屋久島のミヤマカラスアゲハが本州以北の個体より大型で色彩斑紋が違うことに気づいた。しかし、それが遺伝的な型か、それとも単に環境要因による変異かが不明なので、亜種と認定することはできなかった。その真実を知りたくて、帰京間際に採集した一頭の雌を生きたまま東京までもち帰ることにした。当時まだ空の便はなく、それはたいへんな苦労だった。屋久島から船で一日がかりで鹿児島へ、さらに列車を乗り継いで東京まで数日をかける旅だったが、問題は餌を絶やさないことである。船や列車の中で毎日数回、花蜜の代わりに薄い砂糖水を与えながら、なんとか死なせずに東京の自宅にもち帰ったときは、ホッとするとともに、「よくぞ生きていた」とこの雌に愛情を感じた。ただちに庭のキハダ（あらかじめ植えておいた、ミヤマカラスアゲハ幼虫の食草）の枝に布袋をかけ、その中に放してやったところ、彼女は待ちかねていたように約三〇個の卵を産んでくれた。

著名な蝶研究家の林慶《はやしけい》氏にもおすそ分けし、これらの卵から数年間にわたって、当時はまだ画期的だった「累代飼育《るいだいしいく》」がおこなわれた。雄と雌を人工的に交尾させて採卵し、幼虫を一齢《いちれい》（生長段階）から五齢までキハダの葉を与えて育て、蛹《さなぎ》から羽化した成虫に砂糖水を与えて飼う。庭のキハダの葉だけでは足りないので、小石川の植物園などから葉をいただいてきたこともあった。一年に三回（自然状態では、この蝶は春と夏の二回出現するが、飼育環境下では秋にも成虫が羽化することがある）同じことを繰り返すのである。

この結果、世代を重ねても屋久島産の蝶の特徴は失われず、これが部分的には遺伝形質であると推定された。しかし、累代飼育を繰り返すうちに、近親婚の悪影響か幼虫がウイルス性と思われる病気で死んでしまう。このため、林慶氏との共同研究を完成させることはできなかった。

あるとき理学部人類学科の鈴木《すずき》尚《ひさし》教授が「人類の進化」について講義をされるというので、聴講した。迂闊《うかつ》にも、当時の私は鈴木先生のことも人類学についても何も知らなかった。先生は、教壇の上にゴリラおよび猿人、原人、旧人、新人というさまざまな進化段階の化石頭骨（むろん模型）を並べ、人類は「単一種」で、現生のヒト（ホモ・サピエンス）は、数百万年の間にこのような形態変化をとげて進化したと講義された。現在では、人類が単一種であるとの説は否定され、ヒトの先祖には多数の種が存在したことが知られているが、当時はまだ化石の資料が少なく、人類学者の多くが人類の単一系統説を信じていた。

話が終わると先生は「質問は？」と聞かれたが、誰も手をあげない。文学部の学生にとっては、人類の進化は縁のないテーマだったのだろう。少し疑問を感じていた私は、後ろのほうでおずおずと手をあげて次のように質問した。「私は、趣味で蝶の研究をしていますが、形や色などの目にみえる特徴（表現型）には季節や地域など環境によって変化するものや、「擬態」のように特別の理由（自然淘汰）によって思いがけない型が生まれる場合があります。人類の場合はそのような現象は起こらないのですか？」

先生は少し驚いたような顔をされたが、「年代決定がなされ、形態学的に一定の変化を示す多くの標本をみれば、そのような単純な変異は進化による変化と区別できる」と答えられた。教室を出た私は、意外にも先生に「君は文学部の学生にしては、進化のことに詳しいね」と声をかけられた。私が「自分は昆虫少年で、蝶の進化の研究がしたくて大学に入ったが、居場所がみつからない」と答えると、少し考えられてから先生は、「そうか、だったら人類学をやってみないかね？」といわれた。初めて、理学部の人類学科では人類やサルの多様性と進化を研究していると教えられたのである。

そのことが縁で、私は文学部を卒業してから理学部に入り直し、人類学を学び始めた。好奇心とやる気が目覚め、初めて自分の居場所がみつかったことに気づいた。もし、偶然に文学部で鈴木先生の授業に出て質問しなかったら、今の私はどうなっていただろうか。まれな偶然と幸運に導かれた人類学との出会いであった。まさに「縁は異なもの」、鈴木先生は私の人生の大恩人である。

5 人類学者としてのスタート

東大理学部人類学科の歴史は古く、坪井正五郎《つぼいしょうごろう》（一八六三〜一九一三年）によってわが国初の人類学講座が開かれたのが今から一三一年前の一八九二（明治二五）年である。彼は、南方熊楠《みなかたくまぐす》と同様に江戸時代の本草学《ほんぞうがく》（自然史）の系統をひく博物学者だったが、考古学や民俗学を含む文・理合同の総合的人類学を立ち上げた。しかし、彼は一九一三（大正二）年に、国際会議で出席していたロシアのペテルスブルグで、五〇歳の若さで病死してしまう。このため、日本発の良き総合人類学の伝統は失われてしまった。一九三八（昭和一三）年には、医学部・解剖学科出身の長谷部言人《はせべことんど》が教授として招かれ、東大の自然人類学（文化人類学と区別するときにこの名称が使われる）の研究・教育が軌道に乗った。彼は非常に広いアイデアの持ち主で、いわゆる明石《あかし》原人の研究やミクロネシアの先住民の現地調査、さらにニホンザルや先史時代のイヌなど人類以外の研究も先駆けておこなった。弟子に対しては、就職口が少ない中、必ずしも希望どおりの進路に進めるかわからないが、あらたに鉄道のレールを敷くつもりで、人類学の新境地を開拓せよと励ました。文字どおり、東大の人類学教育・研究の牽引者であった。

人類学科では、学生に医学部の人体解剖学、生理学、生化学を実習とともに履修（必修）させていた。それまでカエルしか解剖したことがなかった私は、人体解剖学実習にはショックを受けた。遺体にメスを入れながら、人間が「生きている」とはどういうことか考えさせられた。このように、東大理学部の人類学科は人間を対象とする共通性から医学部との緊密な関係のもとに教育がおこなわれていた。最近では、人類学というと文化人類学のことかと思う人がいるが、それは全くの誤解である。

よく覚えているのは、医学部脳研究所（脳研）の時実利彦《ときざねとしひこ》教授の授業だった。当時人類学科の学生定員はわずか四名で、欠席する者もいるため家庭教師に教わるような贅沢な対面教育だった。教授の授業は非常にわかりやすく、巧みな比喩的表現でヒトの脳機能の重層性を説明された。脳幹・脊髄系は「生きている」（生命維持）、大脳辺縁系は「うまく生きてゆく」（本能、情動）、大脳新皮質は「たくましく生きてゆく」（適応、調節）、さらに前頭葉は「よく生きてゆく」（創造力、価値判断）という機能に対応するとのこと。「人間とは何か」という人類学の基礎知識を得るまことによい機会だった。

同じ脳研の井上英二《いのうええいじ》教授には、双生児研究にもとづく遺伝と環境の問題を教わった。大学院に進むと同教授の双生児研究班や、軟部人類学の須田昭義《すだあきよし》助教授の「エリザベス・サンダース・ホーム」の日米混血児調査班に参加することができた。そこでは遺伝と環境という視点でヒトの皮膚色の個人差・人種差を研究して修士論文とした。

日本の人類学の伝統的な研究テーマに「日本人の起源」がある。日本人とは、むろん日本国民ではなく「日本列島のヒト」を意味する。なお、日本列島の代わりに、最近では斎藤成也《さいとうなるや》（国立遺伝学研究所名誉教授）によってヤポネシアという名称が使われている。二〇世紀前半には、一九世紀の古典的人種分類がまだまかり通っていて、皮膚色、身長、顔貌など目にみえる特徴や人体の測定・観察が主な研究対象だった。遺伝マーカー（遺伝子に対応する形質）としてはＡＢＯ血液型や耳垢型などごく少数が知られていたにすぎない。

あるとき、ドイツのアイクシュテット（Egon Freiherr von Eickstedt）著、人種学の教科書『人種学と人種の歴史』でアイヌに関する章を読んで驚かされた。わが国（北海道）のアイヌはかつて北ユーラシアに住んでいた古い「白人」の系統だと書かれている。「アイヌ白人説」の根拠は、男性の豊かな髭や彫りの深い顔などの類似で、なんと文豪トルストイ（Lev Tolstoy）の写真が載っていた。このことがきっかけで、私はアイヌの起源というテーマに興味をひかれ、そのためには表現型だけをみていても結論は得られない、便利な「遺伝マーカー」の開発が急務だと痛感したが、当時ＤＮＡはおろか、ヒトの血液タンパク質の遺伝的多型（genetic polymorphism）もほとんど知られていなかった。

6　楽しかったドイツ留学

両親が大のドイツ好きだった影響で、私は、留学するならアメリカではなくドイツへと決めていた。そのためには、文学部でドイツ語を学んだことが役に立つに違いない。しかも、できればアルプスが近い南ドイツのミュンヘンに行きたいと勝手に思った。大学院の博士課程のとき、そのチャンスがやってきた。ドイツ学術交換会（DAAD：デーアーアーデー）が国費留学生を募集するというので応募した。審査員はみなドイツ人で、ドイツ語の知識も試されるようだった。私が理系の人類学を研究したいというと、審査員の一人が「もし雪男（Schneemensch）が実在したら、何を調べたいか？」と聞いてきた。たぶん、私を困らせようとしたのだろう。

ところが、またも幸運な私にとっては、偶然にも、のちにNHKラジオで酒井ゆきえさんとの対談「面白自然科学」で雪男を取り上げたほど、一家言あった。仮に雪男が実在するとすれば、その候補としては三者がある。ヒマラヤのイェティとアルタイ（ロシア）のアルマ、それに中国奥地の野人である。それぞれ、足跡や体毛の痕跡、現地でのいい伝えなどの証拠（？）があるという。

中でも、中国の野人は、真偽は不明だが目撃談によれば、大型の類人猿で直立歩行をするという。これは全くの作り話ではないかもしれない。なぜなら、広東《カントン》省の洞窟から発見された化石によって、中国には地質学的な意味で比較的最近まで巨大な類人猿の一種（ギガントピテクス）が生きていたことがわかっている。しかも、同じ洞窟からは、ジャイアントパンダの化石も出土している。よく知られているように、こちらの「生きた化石」(living fossil)は、現在でも四川省の奥地で野生のまま生存している。それなら、ギガントピテクスも中国奥地に人知れず生き残っているのではないか。

そのようなストーリーを下手なドイツ語でかいつまんで話した上で、結論として私は、雪男がもし二足歩行をしているなら、ヒト同様に言語をもつか否かを知りたいと答えた。試験官たちはみな満足したようで、私は念願のミュンヘン大学(正式にはルートヴィヒ・マキシミリアン大学)に留学することを許された。やはり、独文にいたことは無駄ではなかった。まさに「人生、万事塞翁《さいおう》が馬」である。

ミュンヘン大学理学部の人類学教室は、中央駅から遠くないところにあり、一階は自然史博物館、二階が人類学の研究室だった。ドイツで人類学は、「人類の時間的・空間的な自然史である」と定義されていた。さっそく主任教授のカール・ザラー(Karl Saller)先生に会い、挨拶をした。彼は臨床医でもあるが、人類学の父といわれたルドルフ・マルチン(R. Martin)の古典的な人類学の教科書の改訂版を作成中だった。改訂作業を命じられて実際に分担執筆していたのは講師(日本でいえば助教授〈当時〉クラス)の人たちで、みな「こんな雑用のために自分の研究ができない」と不満をもらしていた。

教室員としての私の立場は、ドクトラント(博士学位資格申請者)だったが、日本の博士課程の大学院生とはだいぶ待遇が違う。少なくとも私の場合、教室の雑用はなく完全に自分の研究に専念できた。しかも、一番驚いたのは、こんな私にさえ公費雇用の実験専用テクニシャンがついたことである。日本のように、ときには大学教授でも試験管洗いなどをせねばならないのとは大違いである。

私についたのは、エリカ（花で知られる植物の一種）という名の若い女性テクニシャンである。彼女は、ザルツブルク出身のオーストリア人でスキーの達人でもあった。オーストリア人はミュンヘンなどの南ドイツ人とは言語（南ドイツ方言）は同じだが、ドイツ人と比べて控えめで自己主張が少なく、日本人にとっては付き合いやすい。母校の殺風景な実験室と異なり、華やいだ雰囲気の中で実験できるのは初めての経験であった。

外国人留学生へのドイツ政府の待遇は至れり尽くせりで、学生寮で一緒だったアフリカやアジアの留学生はみな満足していた。帰国して国の重要ポストにつく者が多いが、おそらく将来ドイツとの政治的・経済的友好関係をもち続けることであろう。一方、わが国に来る留学生の中には、禁じられているアルバイトに精を出し、またはなぜか反日家になって帰ってゆく者が少なくない。まことに困った好対照である。

7　新しい人類学

私がドイツに留学した一九六〇年代初めのころ、欧米の人類学は「疾風怒濤《しっぷうどとう》」の時代だった。

形態（表現型）の研究が中心だった、それまでの自然人類学に遺伝子型の研究が急激に導入されていた。日本の博士課程で、「アイヌ白人説」のような古典的人種分類から脱却するために、便利な遺伝マーカーが必要と考えていたことはすでに述べた。

しかし、問題があった。東大人類学科では遺伝学の研究をする者がいなかったが、それは、長谷部言人教授の「遺伝学嫌い」が根にあるといわれていた。あるとき、私は思い切って、長谷部先生に、なぜ遺伝学の研究をしないのですか？　と聞いた。すると先生は、渋い顔をされて私を叱責されるように「人類学は変化を研究するが、遺伝学では変化しない遺伝子というものを研究する。したがって、両者は相いれない学問である」といわれた。私には全く理解できなかったが、とにかく先生は遺伝学が嫌いであることは承知した。がっかり顔の私をみて、意外な教室員から声をかけられた。なんと、その人物は縄文土器の編年で有名な山内清男《やまのうちすがお》講師である。彼は、東北大医学部で長谷部教授のもとで先史人類学の研究をしていたが、先生とともに東大に移ってこられた方であった。驚いたことに、彼は「実は私も遺伝学に興味があったが、長谷部教授の許しが出なかった」といわれ、長谷部先生の「遺伝学嫌い」は学問的理由でなく、「長谷部進化論が学会などで遺伝学者にひどく批判されることを嫌われただけなので、君は初志貫徹しなさい」と激励してくださった。新米の私でも、遺伝学と無関係の進化などは考えられないので、山内先生の思いやりは嬉しかった。私が、ちょうどその時期にドイツ留学を実現できたことは幸運だった。ドイツでも、多くの大学で人類学から人類遺伝学へと看板の書き換えが始まっていた。

ミュンヘン大で始めたのは、ヒトの血液タンパク質の遺伝的多型の研究である。一九六〇年代の当時は、まだDNAそのものを使った実験が技術的に不可能だったので、タンパク質の遺伝的個人差に目がつけられていた。いうまでもなく、タンパク質はDNAの直接的産物なので、アミノ酸置換がヌクレオチド置換の間接的証拠として用いられた。

電気泳動という方法でタンパク質の個人差を検出すると、ABO血液型と同様に対立遺伝子（アリール）の存在がわかる。集団ごとにその頻度分布を調べ比較することによって、民族集団の間の遺伝的近縁度が推定できる。私は、当時新たに多型が発見されていたGcタンパク質（ビタミンD結合性タンパク質）の遺伝的多型を日本人とドイツ人の試料で調べ比較した。

今から思えば、ずいぶん素朴な研究だが、このような作業を多数のタンパク質についておこない、多変量解析法という統計的手法によってヒトの地理的多様性を表現できる。一例として、後日、斎藤成也博士とともに作成した、世界の民族の分子系統樹を示そう【四〇頁の図】。これは斎藤博士が考案し、国際的にきわめて人気が高い「近隣結合法」（NJ法）によって作成されている。

このように、ヒトの遺伝的多様性と進化を研究する新たな人類学（分子人類学 molecular anthropology）の時代が始まったといえる。現在では、実験的設備さえ揃えばDNAそのものを利用できるので、タンパク質の遺伝的多型は、「古典的（classic）遺伝マーカー」と呼ばれて顧みられないが、分子人類学の原点として歴史的に非常に重要であった。ドイツ留学を始めて二年目の一九六三年五月、私は幸運にもミュンヘン大学から学位（Ph. D）を授与された。

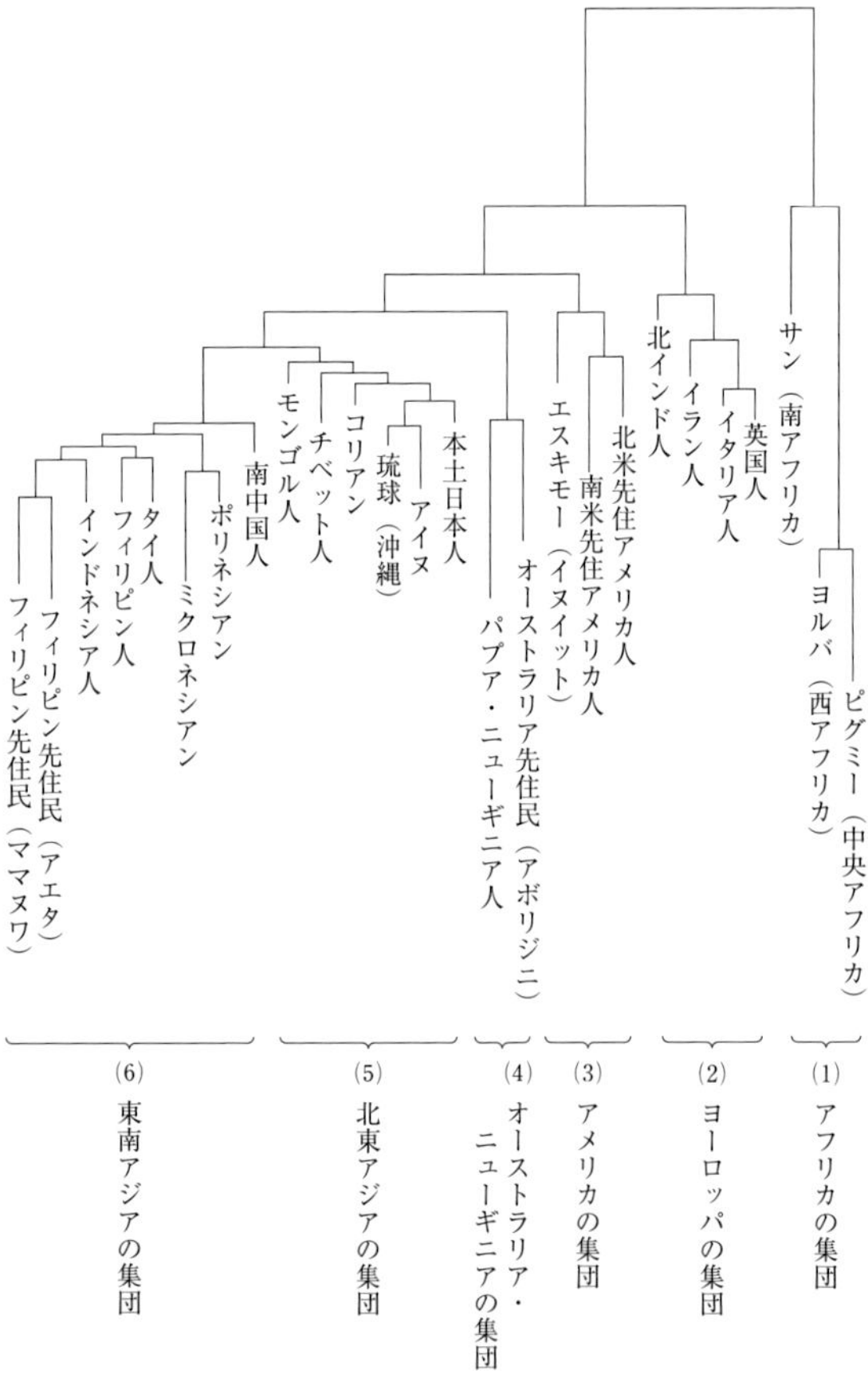

世界の民族の分子系統樹

Omoto K. and Saitou N. (1997) Genetic origins of the Japanese: A partial support for the "dual structure hypothesis," in *American Journal of Physical Anthropology*, Vol. 102, No. 4, pp. 437-446. をもとに作成

翌一九六四年に帰国して母校に就職した私は、遺伝マーカーの数を増やすとともに、日本列島の各地の集団から得られた血液試料を用いて「日本人の遺伝的地域性」についての研究を始めた。またもや幸運にも、たまたま国際生物学事業計画（IBP）という国際的プロジェクトが世界中で実施されることになり、私も文部省（当時）の科学研究費によって三澤章吾《みさわしょうご》博士（筑波大学名誉教授、法医学者）らとともに積年の夢だった北海道のアイヌの遺伝的起源を研究することになった。

その結果、一九七二年には世界で初めて「アイヌ白人説」を否定することができた。アイヌの人びとは、遺伝学的にはヨーロッパ人とは似ていず、日本列島を含む北東アジアの先住民の子孫であるとの研究成果を発表し、東京大学より理学博士号を授与された。私には、一九八〇年代以降に隆盛を迎えた日本の分子人類学の先鞭をつけたとの感慨がある。

ドイツでは学生寮に住めたのでよくわかったが、ドイツの大学生は文字どおり「よく学び、よく遊ぶ」。徹夜で勉強をするかと思うと、夜遅くまで酒場でビールやワインを飲みながら議論に余念がない。評判どおり、彼らは徹底的に理屈っぽく、良い意味でわれわれ日本人のような、遠慮や曖昧さがみられない。

一度、恋愛論になって、日本人は「イッヒリーベディッヒ」などといわない。むしろ、満月のもとで、二人が特別の雰囲気を共有することが「愛」である、といったところ、「なぜ月が必要なのか？　理解できない」とのことであった。一九六四年秋に私は、四年近くなったドイツ留学を終えて帰国したが、そのとき、どこかホッとしたことを覚えている。

話は戻るが、ミュンヘンでは、週末になると蝶採集も楽しんだ。「かぶと虫」（ドイツ語ではケーファー、英語でビートル）と呼ばれていた旧式のフォルクスワーゲン（VW）で一〜二時間走ると、バイエルン州南部の山々やオーストリアのチロル地方に行くことができた。それまで図鑑でしかみていなかった「旧北区《きゅうほくく》」（Palaearctic Region）系の蝶を採集して楽しかった。チロルでは、山地性で、アポロチョウより少し小型のフォエブス・アポロ（*P. phoebus*）を、初めて採集することができた。旧北区とは、生物地理学でいう地域の一つで、ヨーロッパから中央アジアを経て極東アジアに至るユーラシア大陸の北部・中部に相当する。日本では、これら旧北区系と、東南アジア由来の「東洋区」（オリエンタル）系の種類が混在するため、高い多様性が生まれた。

夏休みには、憧れのスイス・アルプスに行き、初めてアポロチョウをネットしたときは嬉しかった。これこそ、ウスバアゲハ属（パルナシウス）の代表で、一七五八年に分類学の父リンネによってギリシャ神話の太陽神（アポロン）から名づけられた。中型の蝶で、真っ白な翅に真っ赤な紋があり、まるで日の丸の旗のようである【二一頁下左の図】。ドイツなどスイス以外の国では絶滅が心配され、保護のため捕獲禁止とされている。

8　すぐれた自然史博物館

さて、虫屋《むしや》（昆虫愛好家）にとってミュンヘンには採集のほかにも有意義なことがある。それは、バイエルン州立自然史博物館の存在である。立派な自然史博物館の存在は、国家がいかに自然・基礎科学を重視しているかを示す、いわば文化的裕福度の尺度である。私が訪れたことがある傑出した博物館としては、後述の大英自然史博物館（ロンドン）、スミソニアン・自然史博物館（ワシントンDC）、オーストラリア自然史博物館（シドニー）、オーストリア自然史博物館（ウィーン）、それに意外にも台湾の自然史博物館（台中市）などがある。ドイツでは、ベルリン、ボン、ミュンヘンなどに立派な自然史博物館があり、昆虫類に関しても、よくぞあの戦火を免れたものと感心させられるほどの大量なコレクションが保管されている。しかも、動植物の部門ごとに研究スタッフが揃っている。残念ながら日本では、恐竜の化石から哺乳類、鳥類、魚類まで、中には昆虫類などがごっちゃに展示され、研究施設というより子どもの遠足のための娯楽施設かと疑われかねない。上野および筑波の国立科学博物館が健闘しているものの、スペースの広さ、コレクションの質と量、スタッフの数、高いレベルの展示と研究において、世界的に一流とはいいがたいのは残念である。このことは先に述べたように、自然史（ナチュラル・ヒストリー）を科学の中で低く位置づけてきたわが国の学術行政に責任がある。

ミュンヘンで私は、毎週のようにニンフェンブルク城（有名な観光地の一つ）の一角を占めるバイエルン州立自然史博物館に通った（現在ではこの博物館は地下に新築された完全空調設備をもつ近代的な建物に移されている）。

昆虫部主任のワルター・フォルスター博士は、図鑑などで名前を知っていたが、蝶類特にシジミチョウ科の世界的権威であった。蛾類や甲虫類の研究者は別におられる。驚いたことに、著名なロシア人の蝶収集家レフ・シェルユッコ博士（L. Sheljuzko）にもここでお目にかかった。キーウ（ウクライナ）に世界的なコレクションをもっていたが、旧ソ連時代に革命の名のもとの破壊のためドイツに亡命された。極東アジアの蝶にも詳しく、日本の蝶のことをいろいろと質問された。

先に述べたミヤマカラスアゲハの関係で、そのころ私はこの種と近似種カラスアゲハ（*P. bianor*）との類縁関係と地理的分布に興味をもっていた。この二種の蝶は、互いに地理的変異に富み、産地によっては、時に区別が難しいほどよく似ている。ミュンヘン博物館のコレクションをみせてもらったところ、日本産や中国産の両種が一〇〇頭?以上分類されて並べられていたが、明らかに種判定の誤りがかなりみられた。そこでシェルユッコ氏の依頼を受けて両種の標本を検査し分類し並べ直したが、新米の私を信用してくださったのが嬉しかった。

第六章でも述べるが、ミュンヘン以外では、ボンのアレキサンダー・ケーニヒ博物館にヘルマン・ヘーネ博士が、中国の蝶に関して当時世界一のコレクションをもっておられた。かねて、私は中国の蝶には特別の興味をもち彼と文通していたので、訪問したところ非常に喜ばれ、博物館の一角にあるお宅に泊めていただいた。ヘーネ氏はもともと仕事で中国に長く住み、採集人を四川省や雲南省など中国西部の奥地に送って、当時未知だった多くの蝶を収集し、専門研究者に提供して東アジアの「蝶類学」に大いに貢献されたのである。

第二章　ことのはじめ――ロンドンにて

1　大英自然史博物館

一九六二年夏にミュンヘン大での人類遺伝学の実験が一段落したので、ロンドンを訪問することにした。ロンドン大学には「ヒト・血液タンパクの遺伝的多型」の研究で著名なハリー・ハリス（H. Harris）教授がおられ、教えを乞うつもりだった。ミュンヘン大での私の研究テーマである「ビタミンD結合タンパク質の遺伝的多型」について説明して意見を求めたところ、「そもそも、遺伝的多型はなぜ起きると考えるか？」と質問された。私は、当時は常識だったネオ・ダーウィニズムの考え方に従い、多型の原因は自然選択と遺伝的浮動にあるという平凡な答えしかできなかった。すると、ハリス教授はご不満のようで「自分の考えをもちなさい」と諭され、赤面のいたりであった。大先生が私のような「青二才」に会うために時間を割いてくださったことに感謝しつつ、学者たるものは、本を読むよりも碩学《せきがく》に会って貴重な提言をいただくほうが心に残ると思い知らされた。

ついで、ナチュラル・ヒストリー・ミュージアム（自然史博物館）を訪問することができた。これは、大英博物館の一部に位置づけられるが、標本の保管・研究・展示のいずれをとっても世界のトップクラスの博物館である（https://www.nhm.ac.uk）。参観すれば、大英帝国以来の自然史研究の深い歴史とそれに対する国の全面的支援の大きさが偲《しの》ばれ、日本人としてはうらやましくも敬服の念に包まれる。蝶に関しては、展示より研究に重点が置かれ、古今東西の重要なコレクションが所蔵されていて、研究者なら一生に一度は訪れなければならない場所といえる。私も、以前から必ず見学したいと考えていたが、やっとその機会がやってきた。

この博物館はロンドン市内のサウス・ケンジントン地区にあり、私はこの訪問のために一週間を割いていた。近くの安宿に泊まり、もっぱら大衆的な中華料理屋で食事をとる毎日だった。あらかじめ、レピドプテラ（鱗翅目＝蝶と蛾）部門主任のホワース（T. G. Howarth）博士にお願いしてあったので、研究用の標本類を自由に観察させていただき、手が震えそうな貴重な歴史的標本を標本箱から取り出して間近に観察し、また写真撮影はおろか拡大鏡による検査なども許された。私のような「駆け出し」でも、一人前の蝶類研究者として処遇されたことは嬉しかった。

2　〝皇帝〟モンキチョウ

実は、この博物館で特にみたいと思っていた蝶がある。伝説的な珍蝶で、一八七一年にバトラー（A. G. Butler）によってインペリアーリス（皇帝）という名で記載されたモンキチョウ属（コリアス）の一種（*Colias imperialis*）である。一七六九年一月、南米の最南端、マゼラン海峡のティエラ・デル・フエゴ（Tierra del Fuego　火の島）付近で、キャプテン・クック（Capt. James Cook）のエンデヴァー（Endeavour）号に乗り合わせていた著名な英国人博物学者バンクス（Joseph Banks）によって発見され、標本は彼の没後この博物館の前身に寄贈されたといわれる。

しかし、バトラーのインペリアーリスのタイプ標本（二雄一雌）のラベルをみれば、本種はキングなる人物によって、ポート・ファミン（Port Famine=Puerta De Hanbre　飢餓の港）付近で採集され、バンクスのコレクションに入ったと理解できる。このキングは、一八二六～一八二七年に英国の探検船アドヴェンチュア（HMS Adventure）の船長としてマゼラン海峡を通り、上記の港に寄港して付近の調査もおこなったP. P. Kingと考えられる。採集者はバンクス（一七六九年）か、それともキング（一八二六～一八二七年）なのか、この蝶に関するさまざまな謎の始まりである。いずれにせよ、これらの標本がみつかったのは、大量の植物コレクションが収められ大英自然史博物館に寄贈されていた「バンクスの標本箪笥」（Banksian Cabinet）の中である。

この不思議な蝶（和名ではコウテイモンキチョウやミカドモンキチョウと呼ばれているが、ここでは単にインペリアーリスと呼んでおく）には、解決されていない多くの謎がつきまとっており、いやが上にもコレクターの好奇心とロマンをかきたてる。実は、バトラーの記載より一〇年も前の一八六〇年に、スウェーデンの昆虫学者ワレングレン（H. D. J. Wallengren）によって、同種と考えられる蝶がポンテンモンキチョウ（*Colias ponteni*　ポンテニ）の名で記載され、ストックホルムの自然史博物館に三頭（二雄一雌）の標本が保管されていた。種名は、スウェーデンのフリゲート艦エウゲニー（Eugenie）号の世界一周探検に乗り合わせていた牧師サミュエル・ポンテン（S. Pontén）にちなむ **［二一頁右下の図］**。

つまり、一種類に二つの種名が与えられたわけで、分類学の規則に従えば記載年代の古い種名（ポンテニ）に先取権があり、後発の種名（インペリアーリス）はシノニム（同物異名）として無効となるはずである。しかし、一〇年も早く公表されていたワレングレンのポンテニの記載を、プロの分類学者バトラーが知らなかったのであろうか。

一九世紀にはパナマ運河はまだ開通していなかったので、大西洋から太平洋に出るすべての船は南米最南端のマゼラン海峡を通り、チリ最南端に近いプンタ・アレーナス市の南にあるポート・ファミンに停泊するのが通例であった。有名なダーウィンも、一八三四年にフィッツロイ（FitzRoy）船長のビーグル号（HMS Beagle）に乗り合わせていて、この港の周辺およびフエゴ島で動植物を採集している。彼は当時から非常に緻密な性格で知られていて、このときの採集についても詳しい自然観察の記録を書き残している。もしも彼がポンテニ／インペリアーリスをこのとき採集していたなら、おそらく産地についても詳しく記録したと思われ、この蝶にまつわる謎の一部解明につながっていたかもしれない。

「飢餓の港」という恐ろしい地名は、一六世紀にスペイン人によって名づけられた。地図をみると、南米最南端チリのプンタ・アレーナス市の南方に実在し、マゼラン海峡を挟んで対岸がフエゴ島である。図書館でバンクスが乗船したエンデヴァー号の航海の記録をみたが、船はこの地域をかなり長期にわたり航行し、時折停泊しては採集者が上陸、かなり奥地まで調査したらしい。ポンテニ／インペリアーリスは、おそらくこのような折に採集されたものであろう。

スウェーデンのエウゲニー号も、水や食料の補給のためここに停泊したに違いないので、ポンテニの産地がポート・ファミンまたはフエゴ島なら、ごく自然なことであった。ところが驚くべきことには、ワレングレンの記載をみるとポンテニの採集地として、常識では考えられないホノルル（オアフ）と記録されているではないか！　おそらくバトラーは、この産地を誤りと考え、ポンテニの記載自体を疑問視した上でインペリアーリスを正当な新種名と認定したのではなかろうか。

いずれにせよ、ワレングレン記載のポンテニとバトラーのインペリアーリスの両者にまつわるさまざまな疑問を検討するのが大事で、シノニムの問題は当面、不問にしておくのがよいと思う。

モンキチョウ属のことは前章で少し触れたが、愛好家の一人として

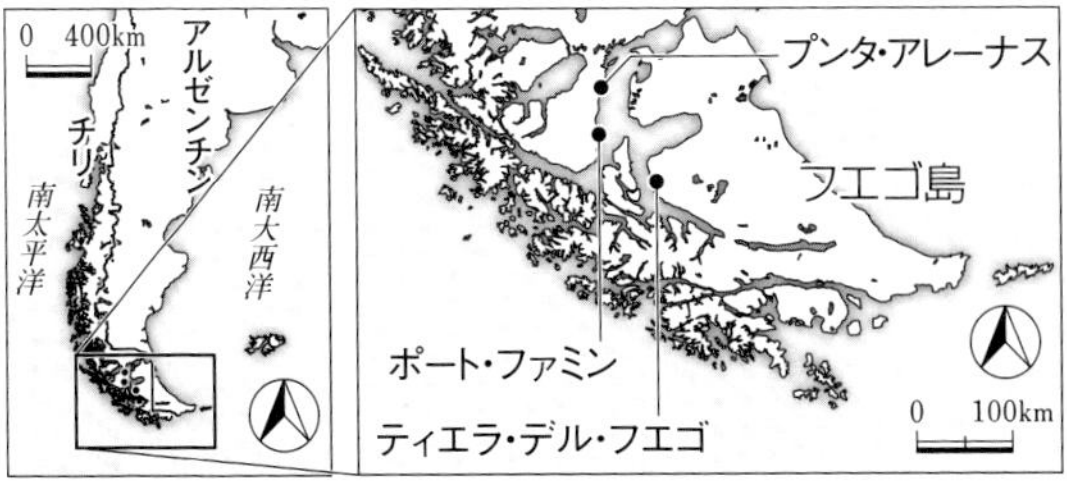

フエゴ島の位置

私は、ドイツの蝶類研究者で一九世紀末から二〇世紀初頭にかけて世界の蝶の膨大な原色図鑑を出版したザイツが掲載した、インペリアーリスの独特な形態と謎めいた産地を知ってすっかり魅了され、いつか自身で再発見したいと夢みていた。しかし、最近までティエラ・デル・フエゴは簡単に行けるところではなかったし、寒気と強風が吹き荒れる悪条件の中での蝶の採集など不可能に思えた。一八～一九世紀の一時期にだけ、英国人とスウェーデン人によって別個にこの蝶の複数個体（雄も雌も）が採集されたのに、なぜか、それ以後は一〇〇～二〇〇年にもわたり誰も再発見していない。本当に絶滅してしまったのだろうか。謎は深まるばかりである。

ホワース先生の特別の配慮によって、私はこの珍蝶の標本を手に取って詳しく観察することができた。そこにはバトラーが一八七一年に指定した「タイプ」と呼ばれる三頭（二雄と一雌）の標本（丸い Type ラベルがついている）が保管されていた。今日ではホロタイプ（Holotype　完模式標本。記載に用いられた最重要の一頭の標本）とパラタイプ（Paratype　副模式標本。記載の参考に用いられた標本）は厳密に区別されるが、一九世紀にはそうではなく、バトラーも両者を区別していない。これら三頭のラベルには、産地としてすべて同じ Port Famine (King), Banks collection と記されている。なお、この場合の collection は採集ではなく収集の意味であろう。

標本を撮影しようとして気づいたのだが、上記インペリアーリスの三頭のタイプ標本は、飛び古して翅が傷んだ個体では決してないのに、なぜかひどく破損していて胴体も触角も失われている。パラフィン紙を貼って、破れた翅を修繕した跡さえみられる。バトラーの記載は、触角についても触れていて、完全な雄個体のスケッチもつけられているので、この破壊はバトラーの記載（一八七一年）以後に起きたものと推定される。

さらに、私は奇妙なことに気づいた。大きく破損した三頭のタイプ標本とは別に、ほぼ完全なポンテニ／インペリアーリスの二頭（雄と雌）の標本が存在していて、特に雄は新鮮で破損もなく、展翅の技術もタイプ標本と比べてはるかにすぐれている。しかし、ラベルをみると、このペアの産地は"Sandwitsch Inseln"（ドイツ語でサンドウィッチ諸島）とあり、さらにElwes Collection, 1902-85というラベルもついている。エルウェズ（Elwes）は一九世紀から二〇世紀初頭の著名な蒐集家である。なお、サンドウィッチ（人名）の名をつけられた島は世界各地にあるというが、常識的には一七七八年にキャプテン・クックによって名づけられたハワイを指す。

一八六〇年にワレングレンがポンテンモンキチョウの産地をホノルル（オアフ）と記載したことはすでに述べた。またもやサンドウィッチ島（ハワイ）である。もしこれが事実とすれば、動物地理学の常識から考えてきわめて不思議なことである。火山島のハワイには固有の昆虫類はほとんどいない。いるとすれば、海を渡って飛んできた移住者またはそれから進化した種である。たとえば、私はハワイで北米原産のオオカバマダラ（*Danaus plexippus*）を数多くみている。また有名な例として、カメハメハタテハ（*Vanessa tamerlana*）をあげることができる。この種は明らかに、日本にもいるアジアの普通種アカタテハ（*V. indica*）が、たまたま飛来した後に突然変異を起こしたものと推定される。もしポンテニがハワイにいたのなら、祖先種がアジアまたは北アメリカ大陸にいるはずである。しかし、それに関する証拠は何もない。

採集者のポンテンらが乗っていた軍艦エウゲニー号は、世界一周航海の途上、アドヴェンチュア号同様にマゼラン海峡を通って太平洋に出てハワイを訪問したことは間違いない。もしかしたら、ポンテニは南米で採集されたが船とともにハワイまで運ばれ、そこで初めて新種と判明したのかもしれない。

なお、後日知ったことだが、大英自然史博物館には、インペリアーリスの標本と一緒にポンテニの雌一頭が保管されていて、ラベルには、Ponteni Wallengren、タイプ、ホノルルというデータのほかに「フェルダー（Felder）蒐集品」と記されているが、もともとロスチャイルドの個人的コレクションにあったものが大英自然史博物館に寄贈されたらしい。

奇妙なことに、インペリアーリスとポンテニのいずれも、タイプ標本はひどく破損したり、稚拙な展翅技術によるものばかりなのに、タイプ以外のエルウェズやフェルダー（ロスチャイルド）の個人的コレクション由来の標本は、ほぼ完全品で、展翅も申し分ない。なぜこのようなことが起きたのであろうか。

私が検査したところ、インペリアーリスの形態はシロチョウ科の一員であるモンキチョウ属としては特異である。まず、胴体がまるでタテハチョウ科の蝶のように太く頑丈である。産地のフエゴ島付近は、植物が横向きに生えるほどの強風で有名な所なので、この特徴は「適応進化」(adaptive evolution) によってもたらされた強い飛翔力を示していると推定される。翅の模様では、前・後翅ともに表面は深紅の地色に黒く幅広い外縁、裏面前翅の後縁部に大型の黒色斑があるという特異なパターンは、世界の約七〇種のコリアス種のいずれとも かけ離れている。

これに加えて、私が八木誠政《やぎのぶまさ》博士と共同で発見・報告（一九五九年）した、コリアスの雄の前翅表面外縁部の黒帯中にみられる一種の性鱗（androconial scale）の存在がある。この鱗粉は、ユーラシアのコリアスでは普通にみられるが、私の検査では、北米や南米の種にはみられないことが知られていた。ところが驚いたことに、顕微鏡で観察すると、本種インペリアーリスには疑いなくこの鱗粉がみられる。これは大発見だったので帰国後の一九六七年に短報として発表した。

またスウェーデンのビョルン・ペテルソン（B. Peterson）博士も、雄のゲニタリア（外部生殖器）の構造にもとづき、本種に対して、単なるコリアスではなくプロトコリアス（*Protocolias*原コリアス）という属名を提唱した。なお、ユーラシアにはコリアス一属しか存在しないが、南米にはプロトコリアスとコリアスのほかにゼレネ（*Zerene*）という近縁属が存在していて、属レベルでの多様性が高い。私は、本種（*C. ponteni/imperialis*）こそコリアス属の起源にあたる先祖種の生き残り「生きた化石」と考えている（ただし、類縁の化石はみつかっていない）。

ところで後述（第六章）のとおり、私は蝶標本から得られたＤＮＡの分析を用いた、蝶の分子系統発生学（Molecular phylogenetics　種間関係や進化の推定）に興味があり、ウスバアゲハ亜目（Parnassiinae）についての研究結果を国際誌 *Gene* に発表したことがある。おそらく、それをみたスウェーデンのアヴェラネーダ（Avelaneda）博物館のショーベリイ（Göran Sjöberg）氏から、ポンテンモンキチョウの脚の一部が送られてきて、ＤＮＡ抽出を依頼されたことがある。共同研究者ですぐれた実験技術の持ち主である加藤徹《かとうとおる》氏（北海道大学）に挑戦してもらったが、やはり一五〇年以上を経たこの試料からＤＮＡを得ることはできなかった。

私は、かつて試みたことがあるコリアスおよび、ゼレネ属のミトコンドリアＤＮＡ分子系統樹作成の暫定的な結果（未発表）から考えても、モンキチョウ属は南米でプロトコリアス属より進化し、たぶん北米大陸を経てユーラシアに拡がったとのシナリオを仮説として考えている。

今日、ＤＮＡ研究技術は格段の進歩をみせていて、人類の場合では二〇二二年度のノーベル生理学・医学賞を受賞したペーボ（Svante Pääbo）博士のように、数十万年前のネアンデルタール人類のごく小さな骨片からＤＮＡを抽出し、ゲノムの細部まで研究がなされている。ひょっとしたら将来、それまでに誰も新たにポンテニ／インペリアーリスの成虫を発見できなかったら、現在ある標本からのＤＮＡ抽出に挑戦して、成功しないともかぎらない。

なお、前記のショーベリイ氏は非常に熱心なコリアス愛好家で、ポンテンモンキチョウの謎についての永年の研究成果を最近、一〇〇ページもの論文にまとめている（*Insectifera* 2019）。これによると、彼はポンテニの産地としてハワイの可能性を追究していて、カラー写真で図示された三頭のタイプ標本が揃ってごく新鮮な個体であり、また本種のものと推定される蛹（寄生蜂におかされた）の抜け殻もみつかっていることから、これが幼虫で発見され、エウゲニー号の中でポンテン氏らによって飼育されて羽化した成虫が新種と認められたのではないか、との大胆な推理をしている。この蝶の生態に関する新しい仮説として興味をひく。また、ポンテニの触角の先端が卵型に膨れている独特の形態であることや、雄の翅の黒く大きな性標（androconial patch）の構造について、カラー写真を用いて考察している。

本種の再発見は、疑いなく世界の蝶類学界に最高の驚きと喜びをもたらすに違いない。最近は嬉しいことに、一般社会でも自然保護や生物多様性への理解・興味が増してきたため、絶滅危惧種の発見などが世界中で注目されるようになっている。私は、この蝶が人知れず南米最南端のマゼラン海峡やティエラ・デル・フエゴの地域で、ひそかに生き続けていると思っている。なぜなら、絶滅する理由がみあたらないからである。一九世紀の後半には、局所的だが普通種として生息していたに違いないコリアスの一種が、その後、誰にも採集されないことは大いに不思議である。一般に、コリアス種の生息地における個体数は少なくないので、産地さえみつければ採集は難しくない。私は高齢のため残念ながらとうにリタイアだが、若手のどなたか、この幻の蝶を発見するための「探検とロマン」に挑戦してみてはいかがであろう。日本人では、南米のコリアス属の採集・蒐集に実績のある、相模原市在住の原弘《はらひろし》氏が自身で何度も現地調査をされたことを、一九九九年に出版された著作の中で述べておられる（『伝説の蝶を求めて』）。ぜひポンテニ／インペリアーリスを絶滅の「うわさ」から救い出していただきたい。

3　ワイアットとの出会い

ロンドンでは、著名な蝶コレクターで数年来の交換相手だったワイアット（Colin W. Wyatt）という初老の人物に会うことができた。彼が専門に収集する蝶は主に旧北区系のグループで、私とは趣味が一致していた。この地域の蝶でコレクターの人気が最も高いのは、なんといっても、ウスバアゲハ属（パルナシウス）とモンキチョウ属（コリアス）であろう。その理由は、美しい姿と著しい地理的多様性、また分類学上の複雑さおよび、ヒマラヤや中央アジアの高山にのみ産する珍奇性にある。特に、アポロチョウに代表されるウスバアゲハ属の蝶は、膨大な数の地理的多様性（亜種）が記載され、ドイツやイタリア、スウェーデン、オランダ、ロシア等の熱狂的同好者によって「ウスバアゲハ学」（パルナシオロジー　Parnassiology）という学問が提唱されたこともある。

ワイアットは長年これらの蝶をもとめてヨーロッパ・アルプスからアフリカのアトラス山脈、中近東、インド、北米などに旅行したが、なぜかほとんど常に単独行だった。コリアスを求めて北極カナダに行った帰途、ほかに方法がなかったため飛行機の貨物室に乗せてもらったときのことを「ものすごく寒かった！」と語ってくれた。

私がいうのもおかしいが、彼は相当な変わり者だった。単独行を好むのもそのためであろう。往年のスキーの選手だが、資産家で冬はスイスのサン・モリッツで過ごし、夏になると蝶の採集旅行に出かけ、多数の新種や新亜種を記載する論文を書いた。ゴルフはやらない（私も同じ）が、ロンドンの名門スポーツクラブの会員で、サリー州のファーナム（Farnham）という村には標本室のある邸宅をもち、うわさでは、別れた奥さんはスペインの貴族だったとのこと。インド北部で蝶採集をするうちに仏教徒になったとも自称していた。

彼は、すぐにカッとするたちで、そばにいて驚いたことが何度もある。一度、ロンドン市内を車で走行中に、中年の婦人が運転する車とぶつかりそうになったことがある。すると、彼は運転席の窓を開けて大声で罵声《ばせい》を発したが、聞き取れたのは“silly ass”（馬鹿なロバ）という言葉だった。私は、これはてっきり「のろま」とののしる言葉と思っていたが、念のために辞書を引いてみたところ、assにはもう一つの下品な意味もあることを知った。日本語にもあるので欧米人に限らないが、怒りや驚きを表す決まり文句には、話者の品格とは無関係な下品な意味を含んでいることがあるので、この場合も、ワイアット本人の品格とは無関係な表現としておこう。

スポーツクラブでは、彼はハイアライ（Jai Alai）というスポーツ（ゲーム）を楽しんでいた。もとはスペインのバスク民族のスポーツだといわれるが、一人で壁に向かってボールを叩《たた》きつけ、テニスのように何度も打ち返しては点を取る。私は初めてみたので、点数の数え方はわからなかったが、ワイアットが相当なスポーツマンであることは、よくわかった。

ワイアットに関する悪いうわさも聞こえてきた。大英自然史博物館から研究用に借りた蝶標本を返さず、出入り禁止になったという。典型的な自己中心タイプの人間である。虫屋（昆虫コレクター）には、たぶん私も含めて、このような人は少なくないが、博物館から借りた標本を返さないのは最も罪が重く、出入り禁止の罰は当然である。彼のうわさに関して、私は確かめるのは嫌だったので知らん顔をしていたが、ロンドンを去るときがきて、ホワース博士に世話になったお礼を述べたとき、「ワイアット氏の誘いでアフガニスタンへ行くかもしれません。アウトクラトールが採れたら寄贈します」と述べると、博士は少しも表情に出さずに「そうですか、ワイアット氏によろしく」とのこと、英国紳士ならではの対応であった。

偶然、私はワイアットに出会ったのであるが、彼は「幻のウスバアゲハ」の産地を知っているといい、一緒に行かないかと熱心に誘ってきた。当時（一九六二年）、アウトクラトールの居場所を知っているのは世界で彼だけであったであろう。しかし、なぜ彼はこれまでのように単独行をしないのか。六〇歳間近になり、体力・気力の衰えを感じたために、助手のような同行者が必要になったのだろうか。それとも、彼はヨーロッパ人のコレクターとはあまり仲良くないし、助手役が務まる若手にも心当たりがないので、日本人の私に白羽の矢を立てたのかもしれない。

私としては、①老幼の違いはあるが、互いに対等の立場を重んずる、②旅行費用は個人負担で折半とする、③採集したチョウの保有権は各自にある、④新種などの記載は共同名でおこなうことなどの条件が認められれば、アフガニスタンへの探検行に参加することに問題はなかった。これらの点については、ワイアットを信ずることにした。

翌々年の一九六四年末には日本に帰国する予定であったが、そうなればこの話はなくなるであろう。私とて、これは、アウトクラトールの世界で四人目の採集者となるまたとないチャンスと思ったが、あまりにも急な話である。目下の急務は、ミュンヘン大学での人類遺伝学の研究をまとめてフライブルク（Freiburg im Breisgau）大学へ移るための準備をすることである。また、何より渡航費の用意がない。ミュンヘンに戻り、早速これらの問題に対処する方策を考えた。

まず、ミュンヘン大での研究については、実験は済ませているので論文を作成して来年（一九六三年）春に学位申請試験を受けるだけである。次に、これまでのＤＡＡＤ奨学金が今年（一九六二年）夏で終わるので、学位取得を条件にアレキサンダー・フンボルト財団の奨学金を申請してある。これは非常によい待遇の奨学金で、もともと全体で約四年間と決めていたドイツ留学の最終年（一九六四年）をフライブルク大学医学部の客員研究員として人類遺伝学の研究をおこなう予定であった。

これらの条件を考慮すると、かなりきわどい日程になるが、一九六三年の六〜八月であればワイアットとのアフガニスタン探検を実施できることがわかった。残る問題は旅行費用である。緊急時のためと親からもらってあった貯金を、（親には内緒で）使うしかないと覚悟した。ところが、またもや思いがけない幸運がおとずれた。たまたま、ミュンヘン自然史博物館での雑談の折に、幻の蝶探索のためアフガニスタンに行くと話したことがあった。すると、フォルスター博士に呼ばれ、計画を詳しく知りたいとのことである。そこで私は、コリン・ワイアットの勧誘によって、幻のアウトクラトールを採集するのが主目的だが、アフガニスタンの昆虫には未知の点が多く、新種や新亜種を期待できると話した。フォルスター博士はレピドプテラ（Lepidoptera　蝶と蛾）の研究部門長で、自身はシジミチョウ科の世界的権威であるが、なんと、私に対して次のような提案をされた。「博物館のために、アフガニスタンでシジミチョウ科と蛾類（昼行性のベニモンマダラ〈Zygaenidae〉および夜行性の種類）を採集してほしい。そのための費用として五〇〇〇マルク（当時の日本円で約四〇万円に相当）を、半額前払いで提供しよう」というのである。

こんなありがたいことはない。特に「前払い」には驚いた。日本の博物館ではこのようなことはまず絶対にない。コレクションを寄贈したいと思っても、せいぜい運搬費が支払われる程度なので、誰も急いで寄贈する気になれない。一方、ドイツの博物館では、ある程度知られたコレクションなら標本商の価格よりは低価格であるが、コレクターの納得のゆく金額で購入されることが少なくない。私は、フォルスター博士の提案をすぐに承諾した。こうして、降って湧いたような「幻」を求めてのアフガニスタン探検計画を具体化することになった。

第三章と第四章で詳しく述べるが、ワイアットと共同でのアフガニスタン蝶類探査は成功であった。私が心配した前述の四条件は、自然に受け入れられた。相変わらず、かっとなる癖は治らなかったが、蝶に関する彼の偉大な知識と同時に、英語と英国文化を学ぶ絶好の機会が与えられたことを楽しんだ。

ワイアットと最後に会ったのは一九七〇年、たまたまオーストラリア国立大学の客員研究員として家族とともにキャンベラに滞在していた私に会いにきてくれたときである。このときは何か不思議な縁を感じたが、なんと数年後に彼に不幸が訪れるとは予想もできなかった。一九七二年、彼はコリアスを求めて中米のグアテマラの山岳地域を旅し、乗っていた小型飛行機が墜落して帰らぬ人となった。彼の蝶コレクションは、ドイツのヴィースバーデンの博物館に寄贈された。

4　アウトクラトールとは何者か

次章で述べるように一九六三年夏、われわれ二人はアフガニスタン東北部のバダフシャーン（Badakhshan）州を訪れた。そこは、ヒンドゥークシ山脈（Hindukush Mts.）の中央部、標高五〇〇〇〜六〇〇〇メートルの高峰が林立するところである。目的は何か。当時ほとんど未知のこの地で蝶類を採集することだが、特別に狙った一種の蝶があった。それが「幻の蝶」と呼ばれるのにふさわしい、アウトクラトール・ウスバアゲハ（*Parnassius autocrator*）である。

前にも述べたが、ウスバアゲハのグループはアゲハチョウ科としては非常に変わった外観である。代表的な種はアポロチョウで、なかば透きとおった翅に丸い赤斑がある（まるで日の丸の旗のよう）。ユーラシアから北米の寒地に約五〇種が知られるが、大多数の種は世界の屋根と呼ばれる中央アジアから中国西部にいたる高山地帯に分布し、採集が困難なための珍奇性によってコレクターの人気を集めている。中でもアウトクラトール・ウスバ（以下、アウトクラトールと略す）は、次の二つの理由によって幻の蝶の名にふさわしい、突出した地位を占めている。

第一に類例のない独特の色彩・斑紋である。ウスバアゲハ属は一般に雄も雌も白地に黒ないし赤の小さな紋のある単純な模様の翅をもつ。ところがアウトクラトールは、雄と雌とで全く異なる色彩・斑紋をもち（性的二型　sexual dimorphism）、特に雌の後翅にあるだいだい色の大きな斑紋は、ウスバアゲハ属の中ではほかに類例がない【六四頁の図】。

　この種のユニークな第二の点は、その発見にまつわる特異なストーリーである。一九一一年にロシアの昆虫学者ホールベック（A. K. Hohlbeck）はパミール高原（Pamir　タジキスタン）の調査で一頭のみなれぬウスバアゲハを手に入れた。それはダルワス（Darwas）地域のグシュコン（Gushkon）峠付近で地元の羊飼いが捕まえたものと伝えられた。その標本は著名な蝶類研究家でロシア皇帝の侍従でもあったアヴィノフ（A. Avinoff）の検査するところとなったが、そのあまりにも特異な形態のために分類学上の位置を決めるのに非常に苦労した。その個体は交尾前の雌でウスバアゲハ属の未知の種であると推定されたが、後翅の大型オレンジ色斑紋は独特であった。

　ちなみに、交尾後のウスバアゲハの雌にはスフラギス（sphragis　交尾《こうび》嚢《のう》）という付属物が認められる【六五頁の図】。わずか一個体では、独立種であることを決定することができず、アヴィノフはこの蝶がウスバアゲハ属の中でやや似ているカルトニウス（*P. charltonius*）の亜種（subspecies　種の内部の多様性）であると考え、アウトクラトール（独裁者）という名前を与えたのである（一九一三年）。発見から四半世紀も後になって、アヴィノフの直感がほぼ正しく、アウトクラトールはカルトニウスに近縁だが全く独立の種であることが判明した。

　ところで、一九世紀末から二〇世紀前半にかけてドイツ人のザイツが世界の蝶類を網羅した大図鑑をつぎつぎに出版したが、この中にアヴィノフが研究したアウトクラトールの原色写生画が図示されたのである。この図は世界中の蝶コレクターにセンセーションを巻き起こし、当然ながらこの種を、未知の雄を含めて、捕獲しようとの願望が沸き起こった。しかし、この蝶が得られたというパミール高原への旅行は当時容易ではなく、生態や行動が不明の本種を再発見するという幸運者は現れなかった。

一九二八年に、この蝶に関する伝説的ストーリーの一環としての事件が起きた。それは、ドレスデン（ドイツ）で開かれた「ザクセン昆虫学会」の昆虫展示会に、世界で一頭しかないはずのアヴィノフのアウトクラトール（タイプ標本）が現れたのである。参会者はたいへんな驚きであった。しかし、このように貴重な標本が昆虫展示会で売りに出されるのはきわめて不可解なことである。やがて真相が明らかにされた。この標本は、保管されていたレニングラード（現・サンクトペテルブルグ）の博物館から一人のロシア人学生によって盗み出され、ドイツ人の標本商に売却されていたのである。その後、多くの困難を乗り越えて、この標本はレニングラードに戻された。

ドレスデンの展示会で、この標本の美しさに魅了された多くの来場者の中に、地元で標本商を営むハンス・コッチ（H. Kotzsch）という二七歳の若者がいた。

彼はたちどころに、この蝶を自分で採集するとの夢から離れられなくなった。それから八年後、アウトクラトールの発見からちょうど四半世紀がたった一九三六年になって、ようやく彼は妻と

アウトクラトールの雄（上）と雌（下）。バラクランで筆者採集

二人でこの伝説的チョウを再発見する旅に出ることになる。しかし、どこに行けばよいのだろうか。

　実は数週間前、彼はベルリンの昆虫展示会でライニヒ（W. F. Reinig）という男に会った。彼はソ連領のパミールのほぼ全域を旅行していたが、アウトクラトールの産地としてはむしろアフガニスタン北東部のバダフシャーン地方が有望なので、自分も一度行く予定であると話した。さらにライニヒは、中部ヒンドゥークシ山脈から北東のダルワス地方にかけて延びる、ホジャ・マホメッド（Choja-Mahomed）山脈がよいのでは、という。コッチはライニヒに一緒にそこへ行こうと誘ったが、二人の都合が合わず、結局コッチは妻と二人でアフガニスタンを訪問した。一九三六年夏のことであった。

ライニヒの助言を信じてバダフシャーン地方、特にホジャ・マホメッド山脈への旅を決断したことは、コッチに夢のような成功をもたらすことになる。しかし、その旅は非常に困難なものであったろう。当時、外国人にとってほとんど未知のこの地域への旅行は、灼熱と寒冷、乾燥および強風の気候条件や高山病との闘い、まともな地図もなく、交通手段は馬のみの悪路、現地人の好奇の目と不信感、一部の遊牧民による襲撃や強奪などの危険をすべて克服する必要があった。しかも、コッチは妻を連れている。夫婦で昆虫採集とは、彼らの故郷のドイツやスイスならありうるとは思うが、世界の辺境で未知の幻の蝶を発見しようという旅行は前代未聞の暴挙に近かった。しかし彼らは、おどろくべき幸運に恵まれていた。コッチの記録によれば、ホジャ・マホメッド山脈に滞在中に大地震に遭遇したが、落石などの危険から逃れることができた。このようにコッチ夫妻はまれにみる困難な旅を天来の幸運で乗り切った。しかもその上に、あのアウトクラトールをはじめ多くの新発見の蝶を採集する幸運にも恵まれたのである。

カルトニウス（上）とアウトクラトール（下）のスフラギス

　困難なキャラバンの日々を馬の背で過ごした末、彼らは目的としたホジャ・マホメッド山脈に到達し、そこでなんと探し求めたアウトクラトールを何頭も採集することができた。しかも、従来アヴィノフの記載によって知られていた派手な色彩の雌に加えて、あらたに雄が得られたが、驚くべきことにそれは比較的単純な斑紋の蝶であった。ウスバアゲハの中で、アウトクラトールだけが明瞭な性的二型を示すことが初めて示されたのである。さらに信じられない幸運がおとずれた。なんと、左翅が雌で右翅が雄の斑紋、すなわち雌雄同体（gynandromorph）の個体をネットすることに成功したのである（私が北海道でモンキチョウの雌雄同体の個体を得たことは前章を参照）。しかも、採集日は妻の誕生日だったという。なんという幸運か。

コッチはいわゆる標本商だったので、採集品をもってドイツに帰国するとコレクターの間で一大センセーションが巻き起こった。特に大珍品で美麗なアウトクラトールに関心が集まった。コッチが提示した価格は、保存状態にもよるが、一つがい三〇〇〜五〇〇ライヒスマルク（RM）だったといわれる。これは当時の生活費と比べてどのくらいの価値だったのだろうか。一九三〇年代前半といえば、ヒトラーが独裁体制を敷いたドイツ第三帝国時代で、ナチスは一般大衆にも自家用車を普及させようと、フォルクスワーゲン（VW）社にカブトムシ型の国民車を開発させた。一台一〇〇〇RMとし、だれでも毎週五RMずつ貯金すれば、ほぼ四年で自家用車が手に入ると宣伝したという。もしそうなら、アウトクラトールの一つがいは新車のVW一台の三割〜五割程度の値段であったことになる。誰でも買える金額ではない。しかし、幻の蝶の魅力は学問上も珍奇性においてもヨーロッパ人の多くを魅了し、標本は広く拡散した。さらに、あの雌雄同体標本はどうなったであろうか。この驚くべき個体は、当時最も著名なパルナシウス・コレクターであったオランダの実業家アイスナー（C. Eisner）のコレクションに収められた（現在はライデンのアイスナー・コレクションに所蔵されている）。一説には、コッチが提示した価格は一〇〇〇RMつまり一台のVW新車と同じだったともいわれる。

商売人だったコッチは、アウトクラトールの標本のラベルに採集地の詳細を記さなかった。東京都文京区の東大総合研究博物館の「尾本コレクション」には、コッチ採集のアウトクラトールの雄一頭、雌三頭が保管されているが、ラベルには単にChoja-Mahomed, Geröllzone（3800-4000m）, Afghanistan（ホジャ・マホメッド山脈、岩石帯、標高三八〇〇～四〇〇〇メートル、アフガニスタン）とのみ記し、それ以外には採集日として七月二五日～八月一〇日、採集者としてH. およびE. Kotzschと記されているだけである。産地について彼は、これ以外一切公表しなかった。ホジャ・マホメッドといえば大きな山脈であり、それだけでは実際の採集地がどこだったかわからない。そのため、一九五〇年にコッチが死去すると、もはやこの蝶は永久にみつからないかもしれない、夢のような存在になってしまう。何人かのコレクターが、コッチの訪れた地域を訪ねてみたが、アウトクラトールの手掛かりは何一つみつからなかった。

そして、ふたたび因縁の四半世紀を経た一九六〇年、ついにこの蝶が再発見された。今回は前述のワイアットだったが、不運なことに採集したのは破損した雄の個体のみであった。彼はこの年の六月から三カ月間、一人でアフガニスタン各地を旅行し、蝶採集に大きな成果を上げた。七月にバダフシャーン州に入り、コッチが大成功をおさめたホジャ・マホメッド山脈の付近を探索したが、成果は得られなかった。そして、八月初旬に大河アムダリア（Amu Darya）の支流であるコクチャ（Darya-ye Kowkcheh）川に沿って上流へとさかのぼった。標高五〇〇〇～六〇〇〇メートル級の雪山が林立するこの中部ヒンドゥークシ地域は、各国の登山隊にはよく知られた地域である。さて、馬上のワイアットがコクチャ川上流のアンジュマン渓谷の標高三五〇〇メートルほどの地点にさしかかったとき、アッと驚いたことには、左手の谷筋からまぎれもないアウトクラトールの雌が飛んできて、馬の背中にフワリと止まったのである。そこでワイアットはその谷を少し登ってみたところ、険しい岩壁に生えたわずかなアザミの花に飛来する、目標の蝶をみつけて採集することができた。しかし喜びも束の間で、すべての個体が飛び古した汚損個体で、この蝶の美しさは消え失せていた。ここではアウトクラトールの発生の盛期は過ぎているに違いない。新鮮な個体を得たければ、たぶん七月中～下旬に来なければならない。こうしてワイアットは、世界で三人目の栄誉となる大発見にもかかわらず、落胆したままこの年の採集を終えた。できれば、近いうちにアンジュマン渓谷のあの場所に七月に訪れたい。しかし、その地は馬でも何日もかかるような山間僻地で、五〇代後半のワイアットにとって単独行は容易ではない。しかし彼はあきらめきれなかった。

第三章　首都カーブル到着

1　ミュンヘンからカーブルへ

準備のどさくさをなんとかクリアして一九六三年六月一八日、ワイアットとのアフガニスタン探検行を開始した。以下、当時の日記、メモを元に記憶をたどる。

一九六三年六月一八日（火）　一〇：四五ミュンヘン空港　フランクフルト発のルフトハンザLH六〇四便で到着のワイアットと合流する。一一：三五　テヘラン（イラン）に向け出発。すぐに眼下にバイエルン・アルプスのグロス・グロックナー山（Mt. Grossglockner）がみえた。イスタンブール（トルコ）で給油のため休憩、空港内のバザールがにぎやかでおもしろそうだが、ゆっくりみる暇がない。夕方ベイルート（レバノン）着。

快適な気候と美しい景色、中近東としては例外的に恵まれているように思える。ついで、バグダッド（イラク）でふたたび給油休憩、機内にとどまる。乗客はたった五人となり、夜一〇時過ぎテヘラン着　ルフトハンザ指定のテヘラン・パレス・ホテルに泊る。ロビーの音楽がうるさいとワイアットは不機嫌。

六月一九日（水）　ホテルの庭で朝食、涼しくて気分良し。午前中にカーブル（アフガニスタン）行きの国営アリアナ（Ariana）航空で出発。アリアナとは古代ペルシャの地域名で、アフガン人の言語的故郷だという。機は、延々と砂漠の上を飛ぶ。川も森も全く見られない、砂漠の縞《しま》模様が続く。なんとも凄まじい光景である。こんなところで古代の文明が興亡したとはにわかには信じられない。昼ごろカーブルに到着。

いうまでもなく、アフガニスタンの首都である。なお、日本ではＮＨＫ放送も含めてカブールと発音されることが多いが、カーブル（Kābul）が正しいことをこのときに知った。ヒンドゥークシ山脈南部の盆地にあり、標高一七九一メートル。ロンドンからワイアットが予約しておいた、英国系のインターナショナル・クラブに宿を取る。プールやテニスコートがある西欧の標準的なホテルのスタイルで、客はドイツ人とアメリカ人が多いようである。まずは安心した。

当時、カーブルには地元のホテルとレストランがあったが、衛生上の問題で評判が悪い。この国に来る外国人が一番恐れるのが、カブリ（なにやらカーブルに似た発音だが、偶然か）という赤痢に似た風土病で、ホテルやレストランでも生水は絶対に禁物であるという。インターナショナル・クラブには、そのような問題はないので、泊まれて幸いであった。ワイアットのおかげである。

六月二〇日（木）　朝食後私は日本大使館へ行き、近藤謙一郎・一等書記官に調査の目的などを説明する。われわれの目的地であるアフガニスタン東北部のバダフシャーン州は、中部ヒンドゥークシ山脈の高地にあり、民族学的にはタジーク（Tajik）人の居住地である。その地方の治安その他の現状はいかがなものかを知りたかった。しかし、日本大使館の方々は、そんな僻地に行く理由がないとのことで、有益な情報は得られなかった。

さらに私は、蝶や民族のほかにアフガニスタンの川にマス（トラウト）がいるかどうかにも興味があったので、情報を知りたかった。常識的には、マス類は広義のヒマラヤ山脈の北側の川にのみ生息し、南側にはいないと考えられるが、実際に確認したかった。しかし、近藤書記官の話では、この国の人はほとんど魚を食べないし、自分も含めて釣りをしないので、釣り道具屋もないとのこと。大使館にあった竹の延べ竿を一本借りることができた。ついで警察署と郵便局に行く。

奥地への外国人の旅行については、国境などの立ち入り禁止区域に注意した上で、内務省を通じて旅行許可を取らねばならず、場合によっては安全のために兵隊を伴行させることになる。経

1963年6月18日、ミュンヘンを発ちカーブルへ向かう。
上）タラップの一番下がワイアット。中）空港の売店での著者。下）賑やかなイスタンブール空港内のバザール。

カーブル市内の様子。上）市の中央部の広い舗装道路。中左）ところ狭しと立つ住居。中右）舗装道路をロバが荷を引く。下）カーブル川に入る人。

験者であるワイアットは慣れたもので、旅行許可の申請をした上、カーブル大学に連絡してわれわれの調査の通訳兼助手（共同研究者）を探すことにした。われわれの場合、むろん兵隊は必要なく、生物に興味のある学生らの若者を希望したのである。

2　バザールの賑わい

六月二一日（金）　一人でバザールに行き、二八〇ドル（US$）を現地通貨（アフガニ＝AFA）に交換した。交換レートは一ドルにつき五一五AFAだという。

たいへんな「アフガニ安」で、大量の札束を手にして大金持ちになった気分であるが、周りの人がみな泥棒にみえて困った。しかし私にとっては、アフガニ安は大きな幸運で、後日知ったことだが、二〇〇二年にデノミが実施されて一〇〇〇旧アフガニ（AFA）が一新アフガニ（AFN）になったのである。なお現在（二〇二三年七月）、一ドルは八六AFNである。

カーブルの町は、高地のため到着する外国人には疲労感を訴える者が多い。また、乾燥のために埃《ほこり》がひどい。自動車はまばらだが、クラクションを鳴らしながら、歩行者や人が乗った馬をも押しのけて走る。信号があったという記憶がない。道路の脇を流れる水路で顔を洗う者、カーブル川（はるかなインダス川の上流）で水浴する者、ぶらぶらと歩く者、道路で寝る者、物売りなど、たいへんにぎやかである。昼間は静かなインターナショナル・クラブは別天地であるが、夜になると音楽がかなりうるさく、例によってワイアットは怒る。なぜかクラブ内には猫が多い。猫にとっても快適な場所なのであろう。

バザールでは、宝石や民族衣装などに外国人観光客が集まり、値切り合戦を演じている。みていると、何もそこまで値切らなくてもよいのでは、まるでいじめではないか、と現地人に同情したくなる場面があった。おしゃれな手織りの飾りがついた羊の毛皮のベストを気に入ったので、旅の終わりにまた来て買おうと思った。

ふと、壁にかかったユキヒョウの毛皮に気づいた。大ヒマラヤの高地のみに棲《す》む非常に貴重な動物で、おそらく、われわれの目的地ヒンドゥークシ山脈で狩られたものであろう。尾の長さが身長の半分ほどもある。値札をみると、九〇〇アフガニ（AFA）とある。なんと、たった二ドルほどではないか。これはいけない。この動物は、そんなに安く買えるような存在ではないと憤りを感じたが、それも大幅なアフガニ安のせいである。買って帰って日本の科学博物館に寄付してはどうかとも思ったが、これからの長い旅があるし、日本の空港では持ち込み禁止であろうから、やめにした。それでよかったのである。というのは、この国の毛皮の類は「さらし」が十分でなく、日本のように湿気の多い国では猛烈に匂うことを後日知ったからである。

3　ラピスラズリ

バザールから出たところで呼び止められた。みれば貧しい身なりの老人で、私に向かってしき

上左）さまざまな衣装をまとう男性たち。上右）女性は黒い衣装（ブルカ）に身を包む。中左）カーブルのパシュトゥーン人。中右）貧しい身なりのハザーラ人。下）宿泊先のカーブルのインターナショナルクラブ。

カーブルの市場の様子。上左）布地などを扱う店か。上右）貧しい人びとが集う市場で。中左・右）ブドウ、ハラブザ（ハルブーザ、メロン）など果物が豊富。下）荷運びをする老人。

りに何かいっている。懐から拳大の泥だらけの岩石を取り出して、売りたいらしい。普通なら無視するところだが、少し気になったので、手に取ってみると「ひょっとしたら」と思い、「これは何？　いくらか？」と英語で聞いたのだが、何も通じない。そのうちに、地面に指で数字を書き出した。どうやら、五〇〇アフガニといっているようである。これも、わずか一ドル相当である。

私は、観光客の一人から聞いたことを思い出した。ここの売り手は、まず正価の倍の値段を吹っかけるので、まず半分に値切り、あとは腕次第でもっと負けさせること、と。しかし、私は値切るのが下手で、日本でもドイツでも、買い物はもっぱらデパートやスーパーで定価で購入している。ましてや、こちらにとってはわずか一ドルでも、このおじいさんにとっては大金で、腹を空かして待っている家族のために必死になっているのだと想像すると、値切る気がしない。結局、私は言い値でこの石を買った。別れるときの彼の顔が印象的だった。目を丸くして、「この世には、値切らない人がいるのか」といいたげな顔であった。

私は直感で、これこそラピスラズリ（lapis lazuli）の原石かもしれないと思った【八〇頁下右の図】。濃い青色の岩石で、新石器時代から知られる人類最古の貴石（宝石にもなる珍しい岩石）である。エジプトやメソポタミアの古代文明では装飾品として用いられ、当時は産地がほぼアフガニスタンに限られていたため、金と同じくらいに高価であった。アフガニスタンを有名にした、シルクロードの重要な交易品であったろう。日本では瑠璃《るり》と呼ばれ、粉末は高級岩絵の具として日本画に用いられる[1]。

バザールでは観光客向けに、きれいに磨いたラピスラズリのさまざまな装飾品が、かなりの値段で売られていた。しかし、加工品なら日本にもあるがアフガニスタン産かどうかはわからない。あのおじいさんから私が買ったのは、加工品ではなく原石であり、疑いなくこの国で産出したものと感じた。しかし、一ドル相当とあまりにも安いので、偽物かもしれない。

むろん私には、磨いて装飾品にするつもりなどなく、泥だらけだからこそ、今回のアウトクラトール探索旅行の記念になると思ったのである。聞くところによれば、ラピスラズリはアフガニスタンのどこででもみつかるわけではなく、われわれがこれから訪れるバダフシャーン州で厳重に管理されているサリサン（Sar-e Sang）鉱山だけで産出し、一般の人が原石を手に入れるのは難しいとのことである。またもや偶然の因縁を感じた。

4　パグマンへ

（六月二一日）　一泊二日で、カーブル郊外のパグマン（Paghman）という観光地へ行ってみた。国王の夏の離宮やカーブルの金持ち階級の避暑地として知られる場所である。ワイアットは国際運転免許をもっているので、フォルクスワーゲンを借りて出発した。珍しく舗装道路である。大きな建物がみえたが、ソ連が建てた大きなサイロ（Silo）であると

上左）市場の民族衣装店。上右）頭の上に洋梨を載せて運ぶ人。中左）ユキヒョウの毛皮を売る店。中右）市場で薬罐を買うワイアット。下右）著者が買い求めたラピスラズリ。

上）幼稚園に通う裕福な家の子ども。中左）何かは不明だが頭に載せて運ぶ子ども。中右）ハラブザを抱えた子ども。下）市場を訪れる家族。母など成人女性をみかけることは少ない。

いう。国王の離宮跡は国立公園になっていて、西欧式の庭園にはバラが美しく咲き誇っていた【八五頁中段の図】。専用プールもあり、水が青く見えて美しい。ワイアットはフィルム用の撮影機を回す。

ちょうど金曜日で、ラマダン（ramadan　イスラム教の断食月）明けの日に当たるため、見物人が多い。木陰にしゃがんで談笑する人びとや、女子学生とおぼしき団体など。この国の女性は、イスラム教の伝統にしたがい、人前ではブルカ（顔と全身を覆う被り物）をつけるのが習わしである。しかし、都会では、特に学生の間ではヘッドスカーフだけですませる傾向もでてきているという。

ワイアットのフィルム撮影後、パグマン村へ移動。アフガニスタンには舗装されていない道路が多く、車で走るのには神経を使う。小道からふらりと自転車が出てくるし、信号も横断歩道もないので、のんびりと横断する者は馬や羊とあまり違わない。運転手はクラクションを多用するので実にうるさいが、鳴らさなければ悠々と道を横断する歩行者や動物に勝てない。しかし、このような状況は、日本でも一九五〇年代まではそうだった。どの国でも、都市化が進む過程では似たようなものだ。

昼前に、パグマン村の道路の終わりまで来たのでテントを張る。ポプラのような柳の木陰で、涼しくて具合がよい。このあたりも休日のためかにぎやかである。まとまった木立があるのは、このあたりだけだから無理もない。車をのぞき込む子どもたちは無害のようで安心する。東南アジアには多い、「たかり」の子どもはみかけない。

早速、おのおの若干の食料をもって、蝶を求めてパグマン川をさかのぼる。途中、馬やロバを連れた、一群の貧しい身なりの若者（少年？）に出会った。毛布で覆った四角い積み荷は何だろうか？　初めはわからなかったが、よくみるとポタポタと水しずくが落ちている。驚いたことに、夏の炎天下、高山で切り出した氷雪を運んできたのである！　なんとたいへんな労力をかけて、氷を得ていることか。行く手に雪に覆われた高い山がみえる。タクティ・トルコマン山（標高四六〇〇メートル）で、カーブル市内からもみえる山である。首都の郊外に標高五〇〇〇メートル近い高山があるのは、さすがにアルピニストが愛するアフガニスタンだけのことはある。雪渓があるのは標高三千数百メートル以上の高さと思われ、馬（ロバ）を連れてそこまで登り、おそらく重さ三〇〜四〇キログラムの氷を積んで下山してくる。氷はどんどん溶けるので、パグマン村に到達するときには、どれほどが残っているのか。信じられないほど非能率的で困難な労働である。おそらく、この氷はパグマン村の金持ち階級のために運ばれるのであろう。

日本でも電気冷蔵庫がなかった時代には、冬の間に得た氷を氷室《ひむろ》に保存して夏でも利用していた。そのほうが、わざわざ盛夏に高山から馬の背に載せて氷を運ぶよりもずっと効率的で楽だろうが、冬の高山に登るのは無理である。

ロバに氷を載せて運んでいる若い男が、何か話しかけてきたので、私は、にわか仕込みで覚え

上）カーブル市街の青空羊市場。中）買い付けに集まるアフガン人。下左）遊牧民のテント。下右）燃料にするため牛の糞を集め、頭の上に載せて運ぶ遊牧民の女性。

パグマンへ。上左）ワイアット（茶色の服の人物）が王の記念公園でフィルム用撮影機を回す。上右）ソ連製のサイロ。中）王の記念公園。下）レンタルしたフォルクスワーゲンでパグマン村へ。フィルム撮影するワイアット。

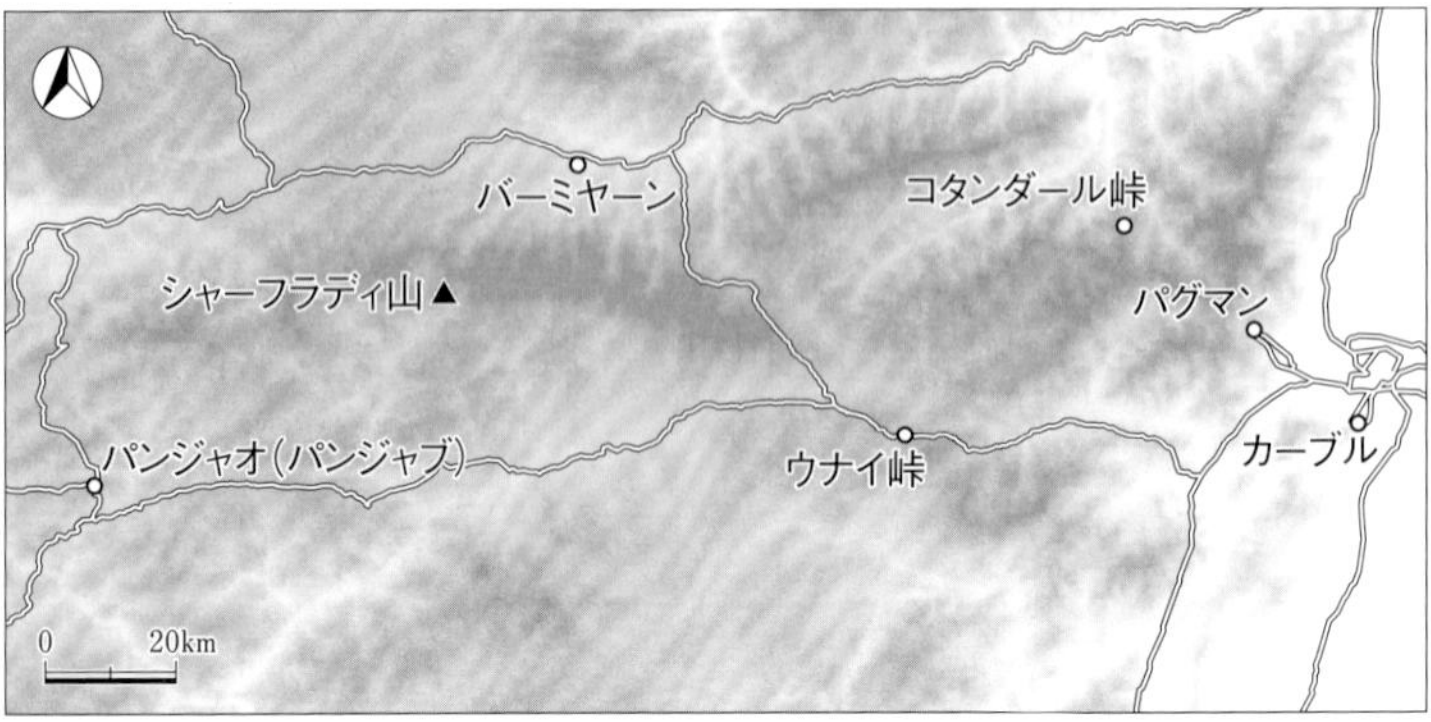

ウナイ峠の位置

たペルシャ語で「マン　ハスタム　ジャパニー」（Man hastam Japani　私は日本人だ）と答えた。すると彼は、日本人など知らない様子で、近くの遊牧民のテントを指して「アフゴン（Afgon）」という。この国の言語はペルシャ語の系統であるが、発音でア（a）とオ（o）の区別がつかないことがあるので、アフガン人のことと察したが、何かおかしい。同じアフガニスタンの人間をなぜアフガン人と呼ぶのか、自分たちはアフガン人ではないのか?

彼をじっくり眺めたところ、日本人とそっくりのモンゴル顔で、この国の多数派であるアーリア系（白人）のパシュトゥーン（Pashtoun）人とは明らかに違うことに気づいた。初めてアフガニスタンの少数民族であるハザーラ（Hazara）人に出会った、よい経験であった。多民族国家であるこの国には出自が不明の少数民族がいくつもあり、人類学者の私は大いに興味をそそられる（第五章参照）。

パグマン川の少し上流の標高二〇〇〇メートルくらいの所まで登り、蝶を採集する。乾燥した草原に大きなアザミの花が美しい。コリアス（モンキチョウ属）の幼虫の食草であるクローバーが一面に生えていて満開の花が強く匂う。しかしコリアスの成虫はみられない。草原は想像以上の乾燥であるが、至る所に雪解け水が流れ出ていて、ときおり道が川となる。短時間で八〇頭ぐらい採集した蝶の中に、私としては初見参のイチモンジジャノメ属（*Aulocera*）があったのは嬉しかった。

途中、また氷運びの連中に会ったが、みなハザーラ人である。一人の少年から手まねで煙草《たばこ》をせがまれたが、喫煙とは全く無縁（煙）の私は手を振ってこれを断る。この国では、子どもが平気で煙草を吸うらしい。しかし考えてみると、重労働の彼らにとって楽しみは煙草くらいなのかもしれない。後日知ったことだが、ハザーラ人は特異な容貌や不明な由来のため、またイスラム教のシーア派ゆえに、権力者であるスンニ派のパシュトゥーン人から差別され、最低賃金の職業に甘んじている者が多い。注意すればカーブル市内でも彼らを結構みかけるが、多くは社会の底辺とみなされる職業についているようである。

私は、そこまで考えが及ばなかったことを恥じた。ハザーラの少年たちは好き好んで氷を運ぶわけではない。家計を助けたいが、彼らには大人が誰もやらない、きわめて苛酷《かこく》で低賃金の仕事しかないのではないか。美しい自然とは裏腹に、民族差別や児童労働、搾取など、根が深い人権問題がここにもある。

キャンプに戻ったのが午後四時。ワイアットは早く帰って午後のお茶を飲んでいた。標高二五〇〇メートルぐらいまで登ったが、たいした収穫はなかったという。チャイハナ（茶店）で、ノ

上）王の記念公園からパグマン山脈をのぞむ。アフガニスタンでは珍しく緑が多い。
中）このあたりの柳の木立の中にテントを張った。下）氷を運ぶロバ。

上）パグマンで出会ったハザーラ人の少年。下）パグマン地区の羊の群れ。手前に生えているのは蝶の食草となるベンケイソウ。

ン（こちらの主食のパン）、たまご、胡瓜《きゅうり》、ハラブザ（メロン）などを買い求め、キャンプ地で夕食にする。ノンは、日本でもインド料理屋などでチャパティとして知られ、小麦粉を練って直径三〇センチぐらいの、薄く伸ばした生地を土製のかまどの内壁にペタンと貼り付けて焼いたものである。多少ざらざらしているが、結構おいしい。卵はやや小さい。ハラブザは、果物が豊富で美味なこの国でも最も好まれ、西域（中国）で「馬頭瓜《ばとううり》」と呼ばれるものと同じであろう。二人分の夕食代は一三アフガニであった。これなら、今後の旅で食事代に困ることはあるまい。柳の木の植え込みの中で食事をとる。好奇心旺盛な少年たちの恰好《かっこう》の見世物である。休日なので、夕方になるとアフガン人も帰宅して少なくなる。

突然、近くの道路で自動車に驚いた馬が走り出し、それを追うランドローバーが狂ったように走る。あとからあたふたと追いかける、哀れな馬のもち主。落ち着いて食事をとる雰囲気ではなくなった。ワイアットは、アフガニスタンではよくあることと冷たい。

われわれのテントは新品の二人用で、床まで一枚続きで鍵がかかるので安心である。夜、なかなか寝付けない。テントの周りで、カサコソと音がする。ジーという小さな鳴き声はネズミの類か？　突然脚の方で外からテントを押すものがあり、驚いてワイアットにいうと、牛だろうといい一向に気にしない。

そのうち、車の中にカメラなど置いてきたことが心配になる。ワイアットはさすがに慣れていて、寝息を立てているが、こちらは気が気ではない。さらに何事か、のこぎりをひく音がしだした。この国は材木が貴重なので、木の枝を盗むこともあろう。しかし、ここではカメラを盗んでも何になろう、それは都会での心配事である。そう考えると、なんとなく安心して眠りについた。翌朝、テントの窓からぬっとのぞく顔あり。しきりに何かいうが、皆目見当がつかない。金（場所代？）の要求かと思ったが、ワイアットは完全に無視。しばらくして男は去った。

簡単な朝食後、ふたたびパグマン川をさかのぼる。またもや、氷を得るため山に登るハザーラの少年たちに会う。私に、「ロバに乗らないか」というように手招きする。実は、新品の登山靴が少しきつくて足が痛み、不自由な歩き方であることをみすかされたのかもしれない。ワイアットに値段を聞いてもらうと、五〇アフガニとのこと。それは高いと断ると、追いかけてきて三〇でいいという。子どものくせになかなか商売上手である。おそらく、ハザーラ人は商売でもパシュトゥーン人にいじめられているのであろう。私は、応ずることにした。

ロバに乗ったことはないが、横座りならよいと思った。しかし、きわめて不安定なので、正面乗りに換えた。ところが急な坂道に差し掛かると、あわや落ちそうになる。小一時間ほどであきらめ、三〇アフガニを払って別れた。

足が痛いので戻ることにする。キャンプ地の近くで我慢できずに靴を脱ぐ。柳の木陰で休んでいると、ヒオドシチョウ（日本にもいる赤いタテハチョウ、九六頁参照）の終齢幼虫が石の上を這《は》っているのをみつけ、採集した。翌日には蛹になり約一週間後（七月二日）、旅の途中で羽化したが、どうも日本のヒオドシチョウとは少し違う。

上）パグマン山脈の麓。美しい花畑が広がっていた。下）クローバー畑で蝶を探すワイアット。

上）ハラブザ。アフガニスタンは果物がおいしいが、高級メロンのようで特においしかった。下）主食のノン。

パグマン村のチャイハナにて休憩。露天にテーブルを置き、茶を飲む。この国では、緑茶に砂糖を入れて飲むのが普通である。急須たっぷりのお茶が一アフガニとは安い。インターナショナル・クラブだと、コップ一杯で二アフガニ。帰路、カーブルへの道路は立派に舗装されているので、時速一〇〇キロくらいは出せる。しかし、ワイアットによれば、馬や羊の群れに会う可能性があり、慎重に走る由。クラブに戻り、夕食はスパゲッティなのでありがたい。夜は、毎度の音楽も気にせず熟睡した。

六月二三日（日） 日本大使館にて近藤氏と会い、旅行会社を教えてもらう。バダフシャーンへの旅行許可がまだ出ないので、足慣らしのためパンジャオ（Panjao）というところに行くことにした。

ワイアットによれば、一九六〇年にそこでパルナシウスの固有種（アフガニスタンのみに産する種）イノピナトゥスウスバアゲハチョウ（*P. inopinatus*）を一〇〇頭近く採ったという。ハザーラジャート（Hazarajat　ハザーラ人の地の意）州の中心地で、周辺のコイバーバ（Koh-i-Baba）山脈は孤立しているため、興味深い蝶の固有種で知られる。カーブルから西へ直線距離で約二〇〇キロ、未舗装道路で、途中に標高三〇〇〇メートルを超えるウナイ峠（Wonay Pass）の難所もある。われわれは、ランドローバーのレンタルを探したが、日曜日のためか担当者が不在といわれてあきらめた。別の会社で、ソ連製ヴォルガのセダンを、パンジャオまで片道三五ドル（運転手つき）でレンタルする。滞在は一日一〇ドルと高いことをいうが、テントなので必要ない。登山靴の代わりにアフガンの革靴を買う。安くて、履き心地はなかなかよい。少し腹具合が悪いので、ドイツで買ったエンテロビオフォルムを飲み、昼食を抜いて休む。クラブのプールは大賑わい。テニスコートでは、インド人が活躍していた。

六月二四日（月） ワイアットとカーブル大学を訪問。懸案の通訳・助手の件でDean（学部長）のカーカル氏に会う約束をしていたのだが、不在。ドイツ人の蜘蛛《くも》の専門家クルマン（Kullmann）博士やオーストリアの植物学者らに会う。午後、警察署で三カ月間の旅行許可をもらい、ただちに内務省に向かう。

警察署では「明日来い」といわれたが粘って、三カ月の滞在許可を取り、今度は内務省へ。話がついているはずなのに、われわれの手紙を探すだけで三〇分も待たされ、挙句の果てに「明日来い」である。ワイアットによれば、アフガニスタンの官僚の常套句《じょうとうく》であるという。

再度大学へ行くが、タクシーにぼられてうんざり。このタクシーにはメーターがあるのか、ないのか。乗ったときすぐに値段を決めるのがしきたりというが、ついそれを忘れていた。大学で、カーカル氏にやっと会うことができ、助手の件につき、あらためて条件などを打ち合わせる。

六月二五日（火） 午前中ワイアットが内務省に行き、パンジャオへの旅行許可を取る。

ヒオドシチョウ

上）コイバーバ山脈をのぞむ。中央は作物を保管する施設の塀。中）山の斜面のジグザグはパンジャオへの道。山の向こうに集落があり、人が往来する。下）レンタルしたヴォルガでウナイ峠にいたる。外国人は珍しいようで、人びとが集まってきた。

上）蝶の好採集地。パンジャオ。奥に見えるのはシャーフラディ山。右側の崖で多数採集。下）パンジャオの村の風景。

夜、日本大使館の近藤書記官より夕食に招待される。午後七時にクラブまで迎えにこられ、立派なベンツにてお宅へうかがう。庭が広く、たいへん贅沢《ぜいたく》なお屋敷で、たらふく御馳走になる。日本から来た農業教育の専門家やニュージーランドのユネスコ関係の人が同席。

のちにワイアットによれば、テイク（take）やメイク（make）をティッケやミッケと発音するのはニュージーランド人に多い由。オーストラリア人は、タイクやマイクと発音するのは知っていたが、世界でキングス・イングリッシュを話す人は滅多にいないので、われわれのブロークン・イングリッシュを恥じることはないと、よい教訓になる。後日、名前を失念したが、農業教育専門家の方にまたお目にかかり、少しきつかった登山靴（新品同様）を引き取っていただいた。

ニュージーランドの人は、気候災害について調べていて、この国では先週だけで、暑さのため、二〇〇人もの幼児が死んだとか。外国人は、アフガニスタン人の不幸についてもっと関心をもつべきとの意見であった。

5　足慣らしでパンジャオへ

六月二六日（水）朝五時　ランドローバーの代わりに一日三五ドルでレンタルした、運転手つきの中古のヴォルガにてカーブルを出発、パンジャオへ向かう。八時、ウナイ峠

（標高三三五二メートル）のチャイハナで休憩。一二時、バンショール（Banshol）という町で昼食をとるが、ワイアットは昼食抜きで、付近で採集。

一〇時間も悪路にゆられ午後三時、やっとパンジャオの家並がみえたときはホッとした。河原にテントを張る。さっそく警官が来て、旅行許可証を拝見というのでみせると、一字一句写し始めその遅いこと。近くに、コリアスの採集によさそうな草地があるのに、足止めをくってしまう。結局何もなく、「安全のため誰か一人つけようか」との申し出があったが、断る。

五つの川が集まるところを意味するパンジャオ（Panj＝五、ao＝水）は、パンジャブ（Panjab）と書かれている地図もあり、ハザーラジャート州の中心で交通の要所であるが、みたところ、人は少なく静かで平和なようである。対岸の高いところにある村落から、一人の男が牛を連れて下ってくる景色などは絵のように美しい。運転手の指図か、一人の老人が現れて親切にも毎朝ノンと卵をもってきてくれるという。

北方に奇怪な尖頭の高山がみえる。バーミヤーンとパンジャオの中間にあるシャーフラディ（Shah Fuladi）山である。コイバーバ山脈の最高峰、なんと標高五一四三メートルもある。この山の初登頂は比較的遅く、一九六八年（われわれのアフガニスタン旅行の五年後）、日本人のアルピニスト岡本龍行氏によって成し遂げられた。

後日知ったのだが、蝶に関しては、われわれの旅行より一〇年ほど前にデンマークの探検隊が

上）丘の上にあるパンジャオの集落。中）ワイアットとヴォルガの運転手はお茶の時間。下）パンジャオのチャイハナの店先。

上）パンジャオの村人と著者。
中）肉屋。下）雑貨屋。

この山で重要な発見をした。特異な新種ダノールムジャノメ（*Paralasa danorum*）であるが、その後は誰にも再発見されていない大珍種である。なお、種名のダノールムは「デンマークの」という意味である。ジャノメチョウ（Satyridae）科は「蛇の目蝶」のことで、茶色の翅に白い眼玉模様だけがある地味なグループである。私は、アフガニスタンのジャノメチョウ類にも大いに興味があり、自分でもかなり集めたのだが、ダノールムは所持していない。ワイアットも同じで、できればこの大珍種を狙いたいとも思ったが、今回の主目的地はアウトクラトールのいる中部ヒンドゥークシなので、残念ながらあきらめざるをえなかった。

ワイアットのすごいところは、恐れを知らない行動力である。一九六〇年、たった一人で馬に乗って何日もかけて、バーミヤーンからパンジャオまでシャーフラディ山付近を通ってやってきた。ほとんど地図のない未知の地域、標高四〇〇〇メートル近い峠を越えて孤独と恐怖にさいなまれながら、おそらく、上述のダノールムジャノメなどの珍蝶を発見したいとの願望に突き動かされたのだろう。その勇気と実績は世界のコレクターの中でも並外れている。

六月二十七日（木） 朝七時起床、明け方の寒いこと。蝶の採集には午前中が勝負である。この国では天候を心配する必要がないので助かる。おじいさんがもってきてくれたノンとフライエッグ、それに珍しくコーヒーの朝食を済ませ、八時半出発。標高二六〇〇～二七〇〇メートルの草つき斜面で採集開始。すぐに、高速で飛び回るモンキチョウ属が何種類もいて、どれも翅色が異なることに気づく。こんな光景をみるのは生まれて初めてで、興奮する。日本では、二種以上のコリアスが一度にみられることはない。今まで、ザイツの大図鑑などでのみ知っていた、赤いツィスコッティ（*C. wiskotti*）、白いアルフェラキイ（*C. alpherakyi*）、黄色のエラーテ（*C. erate*）、それに最近新種として記載された緑色のシャーフラディ（*C. shahfuladii*）の四種類をわずか一時間ほどで採集できた。

これらの色の違いは、すべて翅の表にあり、裏の色は単純で種を区別するのが難しい【一〇五頁上の図】。ほとんどの蝶は、翅の表と裏の色や模様が非常に異なる。多くの場合、たとえばモルフォ（Morpho）チョウのように、表は非常に目立つ色彩・斑紋なのに裏は地味で目立たない（例外もあり、眼状紋など天敵防止の役目をもつ種類もある）ことが多い。多様性の適応上の意義を考える上でよい例になる。「蝶の翅は表と裏でなぜ違うのか」、これを少年・少女の個人研究のテーマにいかがであろう。

六月二八日（金） 昨晩はありったけ着て寝たので寒くなかった。ここでは、六月下旬はまだ春の感がある。昨日は、ホンラティウスバチョウ（*P. honrathi*）の飛び古した個体が何頭も採れた。本種は、日本で四～五月に発生するウスバシロチョウ（*P. glacialis*）のように、春の蝶なのであろう。

上）パンジャオの風景。パルナシウスがいかにもいそうな場所。ワイアットは前回この場所を訪れた際にイノピナトゥスを100頭ほど採集した。下）パンジャオでコリアスが多数いた地域。手前の茂みにオモトシジミもいた。

上）何種類ものコリアスがパンジャオで採集できた。翅の裏側のみだと区別がつきにくいが、上段の赤い羽根はウィスコッティ、中くらいの大きさがアルフェラキイ、小さいのがシャーフラディ。中）新種オモトシジミと認定、ミュンヘン自然史博物館に収蔵された。開長1.5～2センチ。下）ラベルにホロタイプと記されている。

八時に、目標の一つイノピナトゥスを狙って、ワイアットに教えられた別の場所に行ってみた。この蝶はアフガニスタンの特産種で、第二章で触れたようにコッチが発見・命名したものである。三年前、ワイアットはここで一〇〇頭近く採集したという。ところが、その場所で探したのだが、極ごく少なく、わずか二ペアしか採集できなかった。日本の大雪山のウスバキチョウのように、極寒地の蝶の中には、二年がかりで成虫になる種類もある。その場合、なんらかの原因で、ある年に発生が妨げられると、一年おきに発生数が非常に違うという現象が起こりうる。気候的に、イノピナトゥスが二年がかりで発生するとは考えにくいが、蝶の中にはある年に大発生して、別の年にはほとんどみられないものがあるのは事実である。原因を知りたいものである。

六月二九日（土） パンジャオでの三日目。これまで、モンキチョウ属以外にも、さまざまな蝶を採集でき、満足である。夕方風が強くなり、珍しくもぽつぽつと雨がふった。そろそろ、退《ひ》けどきであろう。夕方、なぜか通行人が多くなり、チャイハナも満員の盛況である。同時に、ハエの大群が押し寄せてきた。家畜が多いからであろうが、なにやら動物の匂いがひどく、人の集まるところを敬遠してテントにこもる。

偏見かもしれないが、アフガン人は匂いにあまり敏感でないのではないか。食事にもギーと呼ぶ羊の脂が多用されるが、ひどく匂うのを大人も子どもも平気で食べている。羊の毛皮で作った衣服なども同じである。

6　新種オモトシジミを発見

ミュンヘンのフォルスター博士に依頼されていたので、シジミチョウ科（Lycaenidae）の蝶やベニモンマダラ類の蛾も多数採集した。この赤い小さな蛾は、珍しく蝶のように昼間飛ぶ。日本にはヤポニカ（*Zygaena japonica*）一種しかいないが、中央アジアからヨーロッパにかけては多数の種が区分され、ちょうどウスバアゲハ（パルナシウス）のように地域変異が大きいので、ドイツなどには専門に集める愛好家が多い。

シジミチョウは「蜆《しじみ》」から名づけられたように、翅の開長一～二センチと非常に小さい蝶である。大雑把にいって、ミドリシジミ類などアジアの森に棲むやや大型のグループと、ユーラシアの草原に棲む小さく青色のいわゆるブルー（blue）とが区別される。アフガニスタンは後者のみを産する。ちなみに、日本の最普通種ヤマトシジミ（*Zizeeria japonica*）は、東京のビルの谷間にもしぶとく生き残っている。

パンジャオでは、四種類ものモンキチョウ類（コリアス）を採集するのに夢中であったが、同じ草原にはシジミチョウ（ブルー）もたくさんいて、フォルスター博士を喜ばせようと、入念に採集した。その中で、非常に小さい、一見、日本（北海道）の天然記念物カラフトルリシジミ（*Vacciniina optilete*）に似たブルーをみつけて数頭採集したが、分布地域があまりにもかけ離れているのでおかしいなと感じた。後日、一九六八年にフォルスター博士によって、これがまぎれもない新種と判明、私の苗字にちなんでオモトシジミ（*V. omotoi*）と命名された。図示するのは、ミュンヘン自然史博物館に所蔵されているホロタイプ（完模式標本）とデータ・ラベルの写真である［一〇五頁の下の図］。このほかに、ベニモンマダラ属にも*omotoi*と名づけられた新種が記載されたが、すでに別名で記載されていた種と同じであることが判明し、シノニムとして名前が消えた。

六月三〇日（日） 午前一一時、キャンプを畳んで帰途につく。朝、運転手はもっと早く出発したかったらしいが、ワイアットが押し切って一一時に出発する。朝食を運んでくれたおじいさんや、近所の家の人びとが見物かたがた見送りにくる。よい人たちである。日本でもそうだが、都会より田舎のほうが人間として親切で親しみをもてる。

先に述べたように、パンジャオはハザーラジャートと名づけられた州の中心である。しかし不思議なことに、過日パグマンで会ったように多くのハザーラ人をみかけることがなかった。察するに、この少数民族は、優勢なパシュトゥーン族が増加するにつれてカーブルなどの都市に移り、社会の底辺の仕事に従事するようになっているのではなかろうか。そのことと関係があるのかどうか不明だが、Hazarajatという州名は現在用いられていないようである。

車（ヴォルガ）は好調に走り、往路と同じ場所で昼食休憩となる。ところが同じ目的のバスが二台も止まり、乗客がぞろぞろと降りてくるのをみると、真っ黒にハエがたかった食事を満員の客と一緒に食べるのは気がすすまない。結局、運転手とともに車の中で待つことにした。

食事が終わると顔を洗ったり、地面に毛氈《もうせん》をひいて西に向かって座り、お祈りをしたりするものが多い。敬虔なイスラム教徒は、少なくとも一日三回は祈らねばならない由で、真剣そのもので立ったり座ったりを繰り返す。中には、立つのを忘れたか、座ったままぼんやりしている者もいた。なにより、参加者全員が男性であるのは異様な風景で、女性はどのようにお祈りをしているのであろうか。

再出発して帰路に就く。途中、大河ヘルマンド（Helmand）の大曲り地点で運転がちょっと危なかったが、大事にはならず。相変わらず、羊の大群にときどき行き会うと、大混乱となり男たちはうろたえるばかり。道路をはずれて崖をよじのぼる羊、崖下へ難をさける羊。運転手はやけに警笛を鳴らす。おもしろがっているようだ。なんとか車が通れるだけの幅が開くと、濛々《もうもう》たる土埃を残して先を急ぐが、われわれが去ったあと、羊飼いたちの収集がたいへんであろう。

おかしいのは牛で、かえって道路へ出てくる。ラクダは立派で、ちゃんと道路のわきへ車を避ける。巨大な動物で、よくも家畜に甘んじていると感心する。

一度、集落の中で追いかけてきた犬にぶつかったが、運転手は「死んだろうか？」と笑っている。アフガン人は、仕事をするときは「いやいや」なのに、自動車を走らせるとやけに飛ばして、道路上にあるものすべてをひき殺していこうとする。あわれな通行人のことなど考えない。鶏や犬にしても、豊かではない集落民にとっては大事な財産であろうに、ひき殺すのはなんでもないらしい。そういう国民性であるといわれることがある。しかしワイアットによれば、それは多かれ少なかれイスラム教民族に共通であるという。闘牛で代表されるスペイン人の残酷性も、かつてのイスラム教徒の支配にルーツがあるというがどうであろうか。運転手が飛ばしたので、九時間かからずカーブルに帰着することができた。

七月一日（月） ワイアットと一緒に郵便局と大学をめぐる。郵便局で、東京の母からのミュンヘン経由の手紙を受け取る。よく届いたものと感心する。大学では、通訳・助手の候補者がみつかった由。シャーナワズ（Shah Nawaz）君で、まじめそうな若者である。

これからの旅行のために市場で買い物をする。

相当な量の食料品を選んだため、値段を店員二人がかりで計算するが、なかなか答えが出ない。われわれがざっと計算した答えでよいというので、四三五〇アフガニ（AFA）を支払った。ところが店員が、紙幣が破れていると文句をいう。たしかに、この国の紙幣、特に一〇アフガニ紙幣はひどい状態である。しかし、銀行でドルを換金して受け取ったものなので仕方がない。

夕方、大学で会った蜘蛛の研究者クルマン博士とシャーナワズ君がクラブに来る。ここは、カーブルで唯一お酒の飲めるところなので、ビールをおごる。夜遅くまで、ドイツ人の部屋の音楽がうるさい。とうとうワイアットが、パジャマのままで抗議にいくが聞きいれない。クラブの宿泊者はドイツ人が多い。英国人や、アメリカ人、ロシア人は、たいてい自分の屋敷をもっているので、ここへは来ないという。

七月二日（火） 早朝にパグマンで幼虫を拾ったヒオドシチョウの一種が羽化した。ワイアットと一緒に内務省に行き、旅行許可はどうなっているかを聞く。ところが驚いたことに、われわれのパンジャオ行きのレターには、ホジャ・マホメッド山脈のあるバダフシャーン州が含まれているので、これ以上の許可は必要ないとのこと。狐《きつね》につままれたようである。

われわれ三名（ワイアット、尾本、シャーナワズ）の出発は七月四日と決まったので、旅行社にていろいろ相談する。四日は、自動車でダシュティリワット（Dasht-i-Rewat）まで行き、馬のキャラバンを仕立てる。ちょうど、そこから来たという老人がいたので、打ち合わせをする。歓迎する由。

七月三日（水） 大使館にて加藤書記官より釣り竿を借りる。近藤書記官は盲腸炎にて入院したが手術はせずに治ったという。ふたたび、夕食に呼ばれる。ピルゼンビールはクラブのビールが売り切れなのでありがたい。ペルシャ湾のひらめの天ぷらにそばをごちそうになる。すこぶる美味。近藤氏は一等書記官だが、アフガニスタンだから普通の公使より上等の官舎に住める由。なかなか快適な生活をしておられる。一一時帰宅、アメリカ人の一群に捕まり、一〇分ほど雑談。ワイアットは英国大使館から招待のため留守。

第四章　幻の蝶を求めてヒンドゥークシ（山脈）へ

1　キャラバンの出発

一九六三年七月四日（木）　相変わらずの晴天。いよいよ、本命の「幻の蝶」アウトクラトールを求める旅に出発する日がきた。朝九時、ワイアット、シャーナワズ、尾本の三名は、大量の荷物とともにフォルクスワーゲン（ＶＷ）のミニバスにてカーブルを出発。

チャリカール（Charikar）までは鋪装道路で、周囲に緑が多くよい景色である。しかし、ここで右折してパンジシール（Panjshir）渓谷に入ると未鋪装の悪路となり、土埃がひどい。昼ごろ、ルカ（Ruka）というかなり大きな村に着くと、ハーキム（Hakim）という男がわれわれを待っていて、案内してくれる。背が高い好男子で、三〇代くらいであろうが、意外にも英語を話す。こ

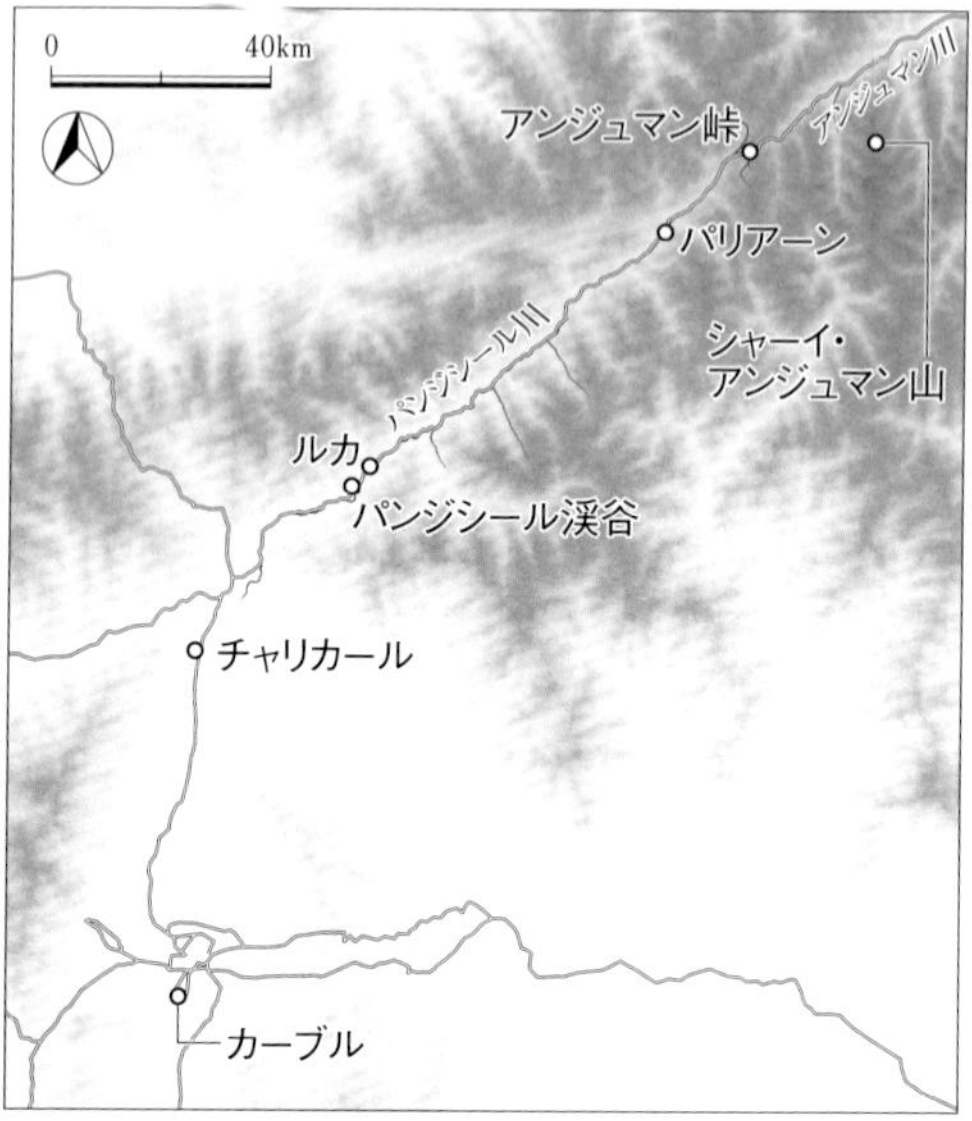

アンジュマン峠への道のり

のあたりの人びとは、アフガニスタン最大民族のパシュトゥーン人で、人種的にはイラン系アーリアンに分類され、男性成人はみな立派な髭面《ひげづら》である（第五章参照）。

シシケバブ（羊の焼肉）と胡瓜の昼食をとり、先を急ぐ。午後五時、やっとキャラバンの出発地ダシュティリワット（標高二二〇〇メートル）についた。連絡済みなので村人の歓迎を受ける。現在（たぶん一九八〇年代以降）は、Saricha Roadという自動車道路が整備されたため、キャラバンに頼る必要はなくなった。しかし、一九六〇年代には各国の登山隊や調査隊はここで馬と馬丁のキャラバンを組織して、アフガニスタン東北部の中部ヒンドゥークシ山脈やバダフシャーン地方に向かうのが通例であった。

ここから五日ほどかけてアンジュマン峠（Kotal-e Anjoman　標高四二二五メートル）に至り、それを越えるとバダフシャーン州で、標高五〇〇〇〜六〇〇〇メートル級の高山（未登頂峰を含む）

が待っている。登山隊の記録をみると、一九五五年ごろから英国、ドイツ、日本などの登山隊がこの地域を訪れていたが、登山目的以外の探査を含めて、一九六〇年代後半ごろからその数が急に増えたようである。

しかし、カーブルで日本の登山家から聞いた話では、このダシュティリワットが中部ヒンドゥークシ山脈へのキャラバンの唯一の出発地なので、各国の多数の登山隊が来る。そのため、村人はみんな「すれて」いて不親切であり、キャラバンの料金を値切ろうとする登山隊と一悶着《ひともんちゃく》あることが多いとのことであった。馬丁の中には過激な行動に出て、「アンジュマン街道の雲助」と恐れられた者もいたという。なぜか、われわれの場合には全く違い、トラブルは一切なかった。おそらく一九六三年はまだ登山隊の最盛期ではなく、われわれは小人数であるために歓迎されたのであろう。また後述のように、われわれのキャラバンのリーダーがたまたま非常に良い男であったという幸運にも恵まれた。

ダシュティリワットでは、パンジシール川沿いの桑の木の下に絨毯《じゅうたん》を敷き、われわれが休むキャンプ地としてくれた。この川はカーブル川の上流で、下流へとたどってゆけばパキスタンを通ってインドのインダス川に至る。今回の調査では、前述したように、アフガニスタンに天然のマス（トラウト）がいるかを知りたくて、ここでもどんな魚がいるかとミミズを餌に釣りを試みたがあまり当たりがない。わずかに、シルモイ（ミルクフィッシュ）という、鯉《こい》とドジョウの中間のような、二〇センチほどの魚が釣れた。水温が高く、マス類のいる雰囲気ではない。

上）カーブル郊外は舗装道路が続く。中）バダフシャーンへ出発。チャリカールの街か。下）チャリカールからダシュティリワットへ。パンジシール川沿いに進む。

上）ダシュティリワット近くまでは車で入れるがここから先は馬で。中右）渓谷を流れるパンジシール川の川幅の広い箇所。中左）パンジシール川沿いの比較的大きな村につく。下右）村の雑貨店。下左）村のチャイハナの店先で談笑する男たち。

ペトロマックス（灯油のランタン）に点火して夜間採集をおこなうが、月が出てきたためか蛾はさっぱり来ない。夜間採集には闇夜が一番である。しかし、素敵な一夜であった。

七月五日（金） 午前中、馬7頭（乗馬用と荷物用を兼ねる）と馬丁七人のキャラバンを準備する **[一二二頁上の図]**。目的のアンジュマン村まで、馬一頭につき七〇〇AFA、人夫一人二五〇AFA＋食費一〇〇AFAとのこと。値切ったりせずにワイアットと折半する。

リーダー格のハビブ・ラーマン（Habib Rahman）という男が、信用のあるところを示そうと二通のドイツ語の手紙を見せてくれた。一通はバンベルグ市（ドイツ）のヒンドゥークシ登山隊（期間：一九六二年七月一二～三一日、代表者 S. Ziegler）、今一つは、ケースウェーベン市（同）の登山隊（代表者 Rosenter）の登山許可申請書であった。

午前一一時、キャラバンの出発。この地方の馬は、小型だが力持ちで、われわれの荷物を軽々と積んで歩く。ワイアットは慣れているが、私には乗馬の経験はない。しかし、馬はおとなしく、自分で道を選んでくれるので、少し慣れれば快適であった。ただし「進め」とか「止まれ」をアフガン語でいわないと、馬はさぼって立ち止まり、草を食べ始める。すると徒歩の馬丁が走ってきて、ピシリと鞭《むち》打つ。そんなことを繰り返しながら、のろのろと進んだ。

馬の顔、特に眼のまわりに真っ黒になるほどハエがたかる **[一二〇頁下の図]**。道端の岩の上に、全長一メートル近いトカゲがいる。写真を撮ろうとするが、逃げられた。パリアーン（Parian

標高二五〇〇メートル）という村にて夕方となり、われわれは少し離れた草地にテントを張る。馬丁たちは馬を見張って野宿する。ラーマンだけをテントによんで茶を飲ませ、シャーナワズの通訳で話を聞く。みんなに飲ませるほどコップも砂糖もない。

七月六日（土）朝八時　パリアーンを出発。二時間ほどで次の村クルペトー（Kurpeta）に着くはずだったが、昼近くなっても着かない。ワイアットがいらいらして馬丁に当たり散らす。通訳のシャーナワズは、この辺の言葉がよくわからないのか要領をえない。

しかし、昼食のために休憩した場所が偶然チョウの採集には向いていて、成果があった。馬丁たちは、イスラム教徒として毎日三～五回の祈りの務めがある。休憩のときには、メッカの方角（？）が開けた場所をみつけて絨毯の上に座り、祈りの言葉を唱えては立ったり座ったりしていた。川沿いの平地で、メギ科（*Berberis*）の植物に群がるミヤマシロチョウ属（*Metaporia*）の一種（*M. leucodice*）を発見し、二人で一〇〇頭近く採る。ほかに、ヒョウモンモドキ属（*Melitaea*）やシジミチョウ科の蝶を多数採集した。突然、風に乗って飛ばされてきたアゲハチョウの一種を採り逃がす。ひょっとしたら、ポダリリウス・ヨーロッパタイマイ（*Iphiclides podalirius*）か？　これはヨーロッパから近東の蝶で、アフガニスタンからは記録がない。しかし同じ場所で、飛び古したアレキサノール・アゲハ（*Papilio alexanor*）が採れたので、どうやらそちらが正しいようである。

上）河原の涼しい木陰に毛氈を敷いてお茶を飲む。左からハビブ・ラーマン、著者、ワイアット、シャーナワズ。下）馬丁リーダーのハビブ・ラーマン。馬の眼の周りにハエがひどくたかる。

上）キャラバン出発。川沿いの悪路を馬で行く。馬丁は徒歩で馬を誘導する。下）初めて馬に乗る著者。左隣はハビブ・ラーマン。

四時近くなって、ようやく宿泊地のクルペトー（標高二八〇〇メートル）に着いた。夜間採集のためペトロマックスに点火する際、不注意で手のひらに軽いやけどを負う。ただちに手当てするも少し痛む。

七月七日（日） クルペトーにて朝、やけどの跡を調べる。幸い痛みはない。ここ数日、朝食はワイアットが作る英国風、すなわちオートミールに卵2個（目玉焼きまたは半熟ゆで卵）、パン（地元民が焼いたノン）とコーヒーである。

食後は、ワイアットと手分けして、近くの山に登りチョウの調査をする。シャーナワズにもネットをもたせてみると、なかなかうまく採る。南側の斜面を登り、頂上（標高三一〇〇メートル）に達すると、中部ヒンドゥークシ山系の雪山がよくみえて、よい景色である。ここで、強風にさからって飛んでくる、小型のシロチョウ類を採る。シンクロエ・カリディケ（*Synchloe calidice*）である。この種はユーラシア北部および北米に共通の高山蝶であるが、生態学的に不明の点が多い。このほか、過日パンジャオで採集したコリアス二種（ウィスコッティおよびアルフェラキイ）、カラナサ属（*Karanasa*）のジャノメチョウ（種名不明）などが得られた。

夕刻、キャンプに村人がやってきて何か訴える。シャーナワズによれば、足の神経痛か関節痛に悩んでいるらしい。われわれはドクターではないといったが、帰らない。ヒルドイドを塗ってやろうと「足を出せ」といったところ、なんのことはない、患者はその男でなく兄弟で、村で寝ているとのこと。要するに、目的は薬が欲しいのだ。アスピリンを六錠与えて帰す。

七月八日（月） 六時半起床、朝食は例によってオートミール、卵、ノン、それにコーヒー。この日もクルペトーで、昨日とは別の場所で採集するが、目立った収穫はない。途中、聞き伝えたらしく、男が二、三人道端に座ってわれわれを待っている。薬が欲しいらしいが、どうにもならない。医者ではないといって勘弁してもらう。

七月九日（火） 朝八時にクルペトーを出発し、アンジュマン峠への登り口をめざす。馬丁は「昨日の駄馬は今日の乗馬」と毎日馬を取り替える。公平をはかるのか、何か別の理由があるためか、わからない。私には今日は、一番小さい白馬が与えられた。少し心配だったが、乗り心地はよかった。

ときおり、パンジシール川にかかる危うい木の橋を渡り［一二五頁上の図］、または馬の背にまたがって渡渉したりしながら、しだいに高度を上げていく。標高三三〇〇メートル付近から周囲に人家はみられず、遊牧民クーチー（Kuchi）の黒いテントが散在するのみになる。標高五〇〇〇メートルくらいの山が左右にみられるようになり、初めてヒンドゥークシ「まっただ中」の気分になる。風はさして強くなく、絶好の日より。

アンジュマン峠の直下で、宿泊のためテントを張る。標高は富士山より少し高い三八〇〇メートルである。ところが、馬に積んでいたはずのワイアットのネット（捕虫網）がみあたらないと

上）馬丁らのお祈りの時間。西を向いて祈りを捧げる。その間、じっと待つワイアット（右手前）。下）馬上のワイアット。蝶をみつけるとただちに降りて追いかける。

上）パンジシール川にかかる木橋。下）ワイアットと著者が使用したテント。パンジシール川のほとりに設営。

大騒ぎになる。結局、馬丁の一人が、渡渉した川の中で発見し、事なきを得た。謝礼五〇アフガニを渡す。リーダーのラーマンは、責任を感じて二時間ぐらいも探しに戻り、気の毒だった。キャンプにて、お茶を飲ませてねぎらう。彼は非常に誠実な男である。

宿泊地の周辺は草原で、高山性のジャノメチョウ類などの絶好の採集地と思われ、八月初旬の帰途にここを通るので期待できる。あちこちでマーモット（Marmot）が警戒音を発してこちらを眺めている。ドイツ語では、「ピーピー鳴く動物」を意味するムルメルティーア（Murmeltier）と呼ばれる大型の齧歯類《げっし》（Rodentia）で、ユーラシアから北米に至る高山帯に棲み、登山家の眼を和ませる可憐な動物である〔一三二頁上の図〕。みると、シャーナワズが護身用の小型銃で狙っているではないか。制止する間もなく引き金が引かれたが、幸いにも弾は当たらず、みな一斉に巣穴に消えた。過日パンジャオからの帰途、村人の犬をわざとひき殺そうとした運転手のことを思い出す。この国では、狩猟ではなく単なるいたずらで動物を殺す傾向があり、それはシャーナワズのような教養人でも例外ではないようである。

2　雪のアンジュマン峠を越える

七月一〇日（水）　朝、キャンプを撤収してアンジュマン峠に登頂した。天気はよく、馬も元気で快適である。私にとっては初めての標高四〇〇〇メートルオーバーであったが、出発地ダシュティリワット（標高二二〇〇メートル）からの標高差二〇〇〇メートルをゆっくりと時間をかけて登ってきたので、高山病の気配は全くない。まだ残雪が多く、馬は雪深いところでは難儀していたが、昼ごろ全員無事に頂上に着く。シャーナワズは雪山が珍しいとみえ、雪中に横たわり銃を構えて恰好をつける。馬丁の中に昨晩、胃痛を訴えた男がいたが、アスピリンとエンテロビオフォルムを飲ませたら快復した。峠にて小休止のあと、目的地バダフシャーン州のアンジュマン村をめざして急な斜面を下る。ここでは馬は乗りこなせないので、徒歩になる。少し下った所で、赤い花のベンケイソウ（*Sedum*）の群落を発見［一二九頁中の図］。よく知られたパルナシウスの食草で、周囲をみまわすと白い蝶が飛んでいる。すばやく、ワイアットがネットインしてみれば、ジャケモンティ（*P. jaquemonti*）という種のようである。私の近くにも何頭か飛んできたが、足場が悪く転落の危険があるので、追うのをあきらめた。

はるか下に、点々と緑のオアシスがあるアンジュマン渓谷と小さな湖を認めた。遠くにみえる真っ白な高山は、パキスタン北部の高峰ティリッチ・ミール（Tirichi-Mir　標高七七〇八メートル）であろうか。しかし後日、この山はアフガニスタン最高峰のコーイ・バンダカー（Koh-i Bandaka 標高六八四三メートル）であると判明した。われわれの目的地のすぐ近く、ケロン（クラン、Kuran）という村の北方にあり、登山隊の間では有名な山である。一九六〇年にドイツ隊によっ

上）馬上で気取るシャーナワズ。下）アンジュマン峠付近の著者。

上）パルナシウスを発見したワイアットが蝶を追う。中）パルナシウス（ジャケモンティ）の食草のベンケイソウ。下）パルナシウスの食草、コリダリス。アンジュマン峠で。

て初登頂されたばかりである。ちなみに、カーブルのバザールで入手した貴石ラピスラズリのサリサン鉱山もこの付近にある。

すばらしい景色に気を取られながら、足元に気をつけて急坂を下る。馬もたいへんなようで、少し脚をひきずるが、馬丁に聞けば大丈夫とのことであった。午後二時ごろ渓谷まで下り、高度計をみると三五〇〇メートルであった。雪山を背景に、絵のように美しい湖に着く。アンジュマン湖（Anjuman Lake）である。そこここに遊牧民の牛や羊が放牧されているだけで、周囲にほとんど人気《ひとけ》がない。透明度が高いので二〜三メートルの深さまでよくみえる。なんと、魚が群れているではないか。マスに相違ないと気づき興奮した。その前に、この地域の水系について述べておこう。

われわれは、アンジュマン峠をめざしてインダス川の最上流のパンジシール川をさかのぼった。そして、峠の手前で左手を流れる川と別れて登頂し、急坂を下ってアンジュマン湖に達した。地図ではよくわからなかったが、この湖はアンジュマン川（Darya-ye Anjoman）の最上流に位置し、周辺の標高五〇〇〇メートル級の雪山から流れる冷たい水を受けている。パンジシール川とは全く無関係のアンジュマン川を下ると、ケロン付近でコクチャ川（Darya-ye Kowkcheh）と合流し、さらに中央アジアの大河アムダリアに流入する。アムダリアは、別名（ラテン語）オクサス（Oxus）としても知られ、全長二六〇〇キロで中央アジアでは最長の河、タジキスタンとの国境地帯を流れた後、ウズベキスタンのアラル海（Aral Sea）に流入する。

さて、群がる魚がみえたので早速、大使館で借りた竹竿で釣りを試みる。毛ばりには全く反応せず、昼飯用にもっていたチーズやパンにもみむきもしない。ミミズは？　とみまわすが、周囲は乾燥した岩場で、いそうにない。「目にみえる魚は釣れない」という釣り人のいい伝えどおりである。いつのまにか、どこからともなく遊牧民の子どもたちが集まってきて見物していたが、草むらでバッタ（イナゴ）を捕まえてもってきてくれた。それを餌にしたところ、すぐに二〇～二五センチほどのマスがかかり、あとは「入れ食い」になった【一四一頁の図】。

マス類を釣るには、やはり「生き餌《え》」でなければいけない。アフガン人には魚食文化はなく、大人は釣りをしない。しかし、おそらく子どもたちは遊びで魚釣りをする折に、この魚はバッタなどの「生き餌」でなければ釣れないことを覚えたのであろう。私は、この国にマスはいないのかと思っていたが、それはカーブルなど中部や南部のことで、ヒンドゥークシ山脈には立派に生息していることを発見して嬉しかった。

3　アフガニスタンにマスがいた

一九三六年に、幻の蝶アウトクラトールを求めてこの地にやってきたドイツ人ハンス・コッチ（第二章参照）は、コクチャ川にマス（Forelle　ドイツ語）が多いと記している。しかし、マスというだけでは正式の記録にはならない。なぜなら、インドやパキスタンでは、かつて英国人が放流したマス（trout　英語）がヒマラヤやカラコルムの山間部にまで拡がって棲息しているからで

上）丘の上に顔を出すマーモット。中）シャーナワズが小銃でマーモットを狙う。下）ワイアットと著者。アンジュマン峠にて。

上）アンジュマン峠頂上付近の著者。手にしているのはシャーナワズの銃。中）雪道を越えていくキャラバン。下）峠を無事に越えて一休み。中央右からワイアット、シャーナワズ、著者。

ある。いうまでもないが私は、人為的にもたらされたものではなく、アフガニスタン本来の自然の一部として存在する天然産物にのみ興味がある。

なお最近、インターネットでアンジュマン湖を検索して驚いた。一九六三年にわれわれがみた光景とは大違いで、完全に観光地化していて大勢の見物客の中に釣人の姿もある。これは、自動車道路（Ramcha Road）の開通によって交通の便がはるかによくなったためであろう。今、あのマスたちはどうなったであろうか。開発という名の恐ろしい環境破壊によって、世界的にも貴重なアフガニスタンの生態系が失われてゆくのは、悲しい。

中部ヒンドゥークシ山脈への日本人登山家の記録には、コクチャ川やアンジュマン川でのマス類についての記録が散見される。しかし、種名は不明であり、単にマスとかイワナと推定されている。私が知るかぎり、これらの記録は一九六六年以降の登山隊のもので、一九六三年またはそれ以前の文献にはみられなかった。

次に種名を決定しなければならない。分類学上、サケ科（Salmonidae）魚類には、サケ（salmon）、マス（trout）およびイワナ（charr）という三グループがあり、まずこれらを識別する必要がある。アンジュマン湖のマスは、底棲性の傾向があるためイワナ類（arctic charr）の可能性も考慮されたが、斑紋観察の結果、それは除外された。簡単にいえば、サケ・マス類の幼魚または川にとどまる個体は、銀灰色の地色に黒や赤の斑点が散在している。一方イワナ類の場合には、暗色の地色に白色の斑点が散在している。ただし、大きく成長して降海（湖）型になると、黒色や赤色の斑紋は消えて銀灰一色になる（銀毛と呼ばれる）。

なお、サケとマスであるが、これには分類学上の混乱もあり、実は区別するのが難しい。たとえば、日本のサクラマス（幼魚はヤマメ）は、分類学上タイヘイヨウサケの一種（*Oncorhynchus masou*）である。もっともポピュラーなニジマス（*O. mykiss*）も分類学上は同属のサケである。一方ヨーロッパでは、タイセイヨウサケ属（*Salmo*）として、アトランティック・サーモン（*Salmo salar*）とブラウントラウト（*Salmo trutta*）の二種が認められている。斑紋観察によって、アンジュマン湖で得たマスは（分類学上はサケだが）、あきらかにブラウントラウトと同定された。イワナ類は、アフガニスタンにはいないと考えられる。

ブラウントラウトは、分類学の父といわれるスウェーデンのリンネによって、初のサケ・マス類として一七五八年に記載された。原産地は北ヨーロッパであるが、ヨーロッパのほぼ全域に分布し、さらに北アフリカおよび中央アジア（アラル海）でも天然物が知られている。一八六四年、英国人によって本種の卵三〇〇粒が英国からオーストラリアに運ばれたが、四カ月もの航海を奇跡的に生き延びて孵化した幼魚が放流され、野生化した系統がオーストラリアやニュージーランドに拡がった。ニジマス（原産地は北太平洋の沿岸河川）とともに、南北アメリカや日本にも移植され、ポピュラーなゲーム・フィッシュになっている。

私事であるが一九七〇年代以降、開高健《かいこうたけし》を真似て、ルアー・フィッシングでサケ・マス・イワナの類を狙う趣味の虜《とりこ》になった。一九六九〜一九七〇年に、オーストラリア国立大の客員研究員

上）アンジュマン峠からアンジュマン渓谷上部をみる。遠くにみえるのはバンダカー山。
下）道の先にアンジュマン湖がみえてきた。

アンジュマン湖周辺は遊牧民の放牧地となっていて、羊（上）や馬（下）などがいる。

キルギスの切手に描かれたマス

としてキャンベラに滞在したとき、「魚より釣り人のほうが多い」日本とは異なり、ほとんど人影がない川や湖で思いのままに、よいサイズのブラウントラウトやニジマスを釣ることができた。ただし、釣った魚をキャッチ・アンド・リリース（放流）する開高健とは違い、私は「釣った魚は食べる」主義であった。もっとも、記念になる魚は食べない。一九七〇年代のある日、日光（栃木県）の中禅寺湖で、六〇センチ四キログラムという大型のブラウントラウトを釣り上げる幸運に恵まれ、民宿「岡甚」に魚拓が飾られていたことがある。

さて、アンジュマン湖のブラウントラウトはどこから来たのだろうか？ ルーツは、中央アジアのカザフスタンとウズベキスタンの間にあるアラル海に違いない。これは、地中海、カスピ海、黒海とともに太古のテティス海（Tethys Ocean）の名残の孤立した海と考えられる。ソ連時代には漁業が非常に盛んで、チョウザメ、サケ、パイクなどのほか、多種の魚類が捕獲されていた。サケと呼ばれたのがブラウントラウトの降海型で、アラル海亜種（*Salmo trutta aralensis*）としてキルギスの切手にも描かれている。しかし、水資源管理の重大な破綻から、近年アラル海の水位が激しく低下し、塩分濃度の増大や海自体の部分的消滅のために漁業は破綻の危機にさらされている。

アラル海とアンジュマン湖という、中央アジアにおけるブラウントラウトの分布の両端が判明したわけであるが、その生態について考えてみる。一般にサケ・マス類の魚は川の上流で産卵するが、稚魚の中には川にとどまる小型の個体群と、海または湖に下って大型化する個体群が区別される。日本のサクラマスの例でいえば、川にとどまる小型のヤマメまたはアマゴ（ビワマスの幼型）と、降海（湖）型で大型のサクラマスまたは琵琶湖のビワマスが存在する。

ブラウントラウトでも同様の二群が存在すると考えられる。アンジュマン湖の小型（一五～二〇センチ）の集団はヤマメに相当し、アラル海で漁業の対象になる大型（六〇～七〇センチ）の集団はサクラマスに相当する。また、中間のアムダリアおよびその上流のコクチャ川やアンジュマン川には、さまざまな大きさのブラウントラウトが混在しているのではなかろうか。

さて、アンジュマン湖で釣りをしている間に、ワイアットは私から離れて服を脱ぎ水浴を始めた。水温がおそらく二〇℃以下の山岳湖で泳ぐのは、いくら夏でもとても真似できない。集まる子どもたちに交じってキャラバンの馬丁たちも見物にやってきた。娯楽の少ない土地なので、たいした見世物で皆大喜びである。ときおりどっと笑うので、ワイアットが怒って英語で怒鳴りつけるが、もちろん通じるわけがない。この光景を眺めていた私は、民族間の文化にもとづく行動差に思いをはせた。

北ヨーロッパでは、約一万年前以降の後氷期（Post-Glacial Period）を通じて曇天が続いたと考えられる。したがって、北ヨーロッパの英国、スカンディナヴィア、ドイツ、ロシアなどの人びとは、日光に飢えていて、夏になると人目を気にせずに裸（ときには全裸）になって、日光浴や

上）アンジュマン湖で釣りをする著者。下）遊牧民の子どもや大人が集まってきた。地元の人びとは釣りをしないようだ。

バッタを生き餌にしたら、入れ食い状態でどんどん釣れた。

水浴びをする。私の経験でも、目のやり場に困ったことがある。一方、アフガン人を含むイスラム教徒の男性にとっては、他人に肌をみせることは厳禁で、ましてや人前で全裸になることなど、ありえない。イスラム教徒の方々は、日本文化といってよい銭湯やホテルの大風呂を敬遠されているに違いない。

4 タジーク人村長との交遊

同日 午後四時近く、湖を後にアンジュマン川に沿って下る。夕方、アンジュマン村（Anjuman-i-Khurd）に着き、村長のワキルハーンという人物の歓迎を受けた【一四五頁の図】。姓名を書いてもらったところ、Abdul Wakil Khan, Son of Wakil Carib Mohamed Khanという大層な名前である。ハーン（Khan）は、チンギス・ハーンのように、ユーラシアの遊牧民族の間で君主を名乗る者が使ったといわれる。ワキルハーンの場合はたぶん親分というくらいの意味と理解された。写真を撮らせてくれというと、銃を手にして恰好をつけた。アフガン戦争で英軍が使った銃ではないかと思われる【一六九頁上の図】。

当時、アンジュマン村（標高三〇〇〇メートル）には一〇〇家族約四〇〇人が住んでいたが、みなタジーク人である。バダフシャーン州はアフガニスタンの最北東部にあり、すぐ北がタジキスタンのパミール高原である。したがって、住民は主にタジーク人である。この民族は多民族国

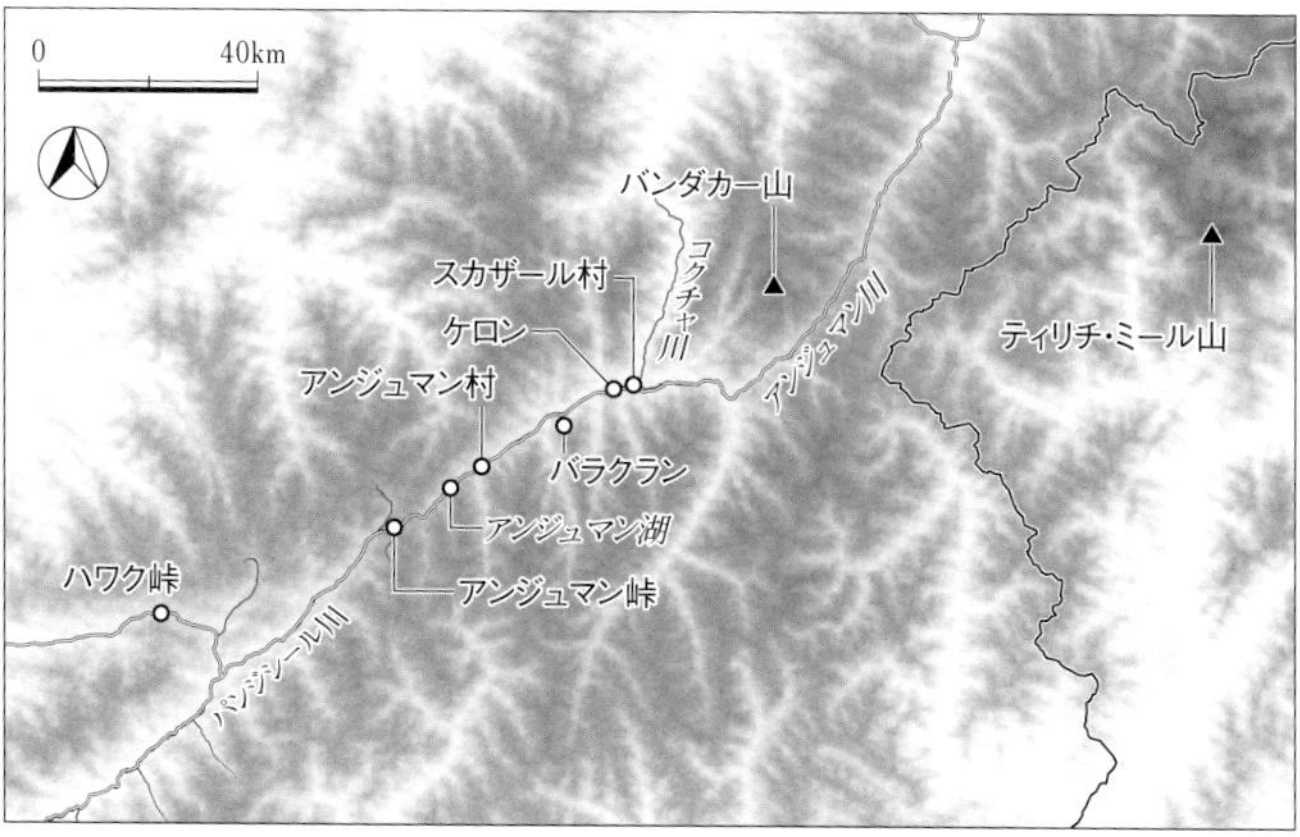

アンジュマン村周辺

家アフガニスタンの最大派閥パシュトゥーン人についで二番目に大きなグループであるが、言語的には同じペルシャ語の方言で、イスラム教スンニ派に属する。顔つきではパシュトゥーン人と区別がつかない。

　村のゲストハウスに泊めてもらうことになった。個室なので、久しぶりにゆったりする。窓の木枠を開けると、標高六〇〇〇メートル級の高山が目に飛び込んでくる。シャーイ・アンジュマン（Shaye Anjuman）だろうか。まるで絵画をみるようである**【一四八頁上の図】**。夕食のために、釣ったマスをフライにするが、土地のギー（山羊の乳脂）は匂いが強く、あまり好きになれない。ペトロマックスに点火して、ミュンヘンの博物館のための夜間採集をする。結果はとても好調で、主にシャクガ（*Geometridae*）やヤガ（*Noctuidae*）の類を多数採集することができた。

七月一一日（木）朝九時　ワキルハーンの案

アウトクラトールがいるといわれていたバラクランの上部。

正装したアンジュマン村長、ワキルハーン。

内で、目的地のバラクラン（Bala Quran）へ向けて出発する。宿泊代を払おうとするが受け取らない。

それではと、お土産用の日本の風呂敷を二枚進呈する。五〇歳代と推定されるが、温和な人柄のようで、村人に慕われている様子である。付き合っているうちに、私とは気が合ったようで、冗談で彼のターバンと私の帽子を取り替えて、一緒に写真を撮ったりした［二〇五頁上の図］。アフガニスタンで、こんなユーモアが通ずるのは初めてである。

ワキルハーンは奥さんが二人いて、それぞれに一人ずつ子どもがいる。妻が二人いると、一人が病気になったときに都合が良いとのこと。カーブルでは五万ないし一〇万アフガニで妻をもてるが、アンジュマンでは牛や馬と交換できる。絨毯を作れる女性は高く評価されるなど、私が質問したわけでもないのに、そんなことまで話す。イスラム教徒としては、当たり前のことなのであろうが、私にとっては、はなはだしい男女差別で人権問題との考えをぬぐえない。

タジーク人の地域に入り、シャーナワズの通訳はますますおぼつかなくなったが、想像を交えていろいろなことがわかってくる。われわれの社会では、ある程度打ち解けた客人には家族を紹介するのが普通である。しかし、イスラム教の世界ではそうではなく、女性は夫以外に顔をみせることが禁じられている。ワキルハーンも、家族は別棟にいることを理由に、奥さんを紹介してはくれなかった。

彼はわれわれに非常に好意的で、「日本はロシアに勝ったから好きだが、ロシアは嫌いである」という。日露戦争のことらしい。嫌いな理由は、「本」をもたない（信仰がないという意味か）からとのこと。私は日本人でよかった。現実問題として、われわれの旅より一六年遅れた一九七九年にソ連軍の一方的軍事侵攻があり、この地域にも大きな影響があった上、アメリカの軍事的介入を招き、結果として今日のイスラム原理主義者タリバンの支配を許すことになったのは、周知のとおりである。

ダシュテイリワットの馬丁たちとはここで別れるが、リーダーのラーマンだけはバラクランまで同行してくれた。みんなよい連中で、日本の登山家たちの「アンジュマン街道の雲助」という批判がうそのようである。

八月上旬までの約二〇日間、バラクランを根拠地にして、広く周辺の谷筋や高地で採集と調査を実施する予定である。帰路のキャラバンについては、ワキルハーンに世話してもらうことにする。乗る馬は一日一頭八〇アフガニ、駄馬は六〇アフガニという。聞いていたアタムベクという男が何か文句をいうが、ラーマンがなだめる。

アンジュマン村を出ると、乾燥しきった砂漠のような地域を行く。峠を越したところで村がみえ、ラーマンはバラクランだという。ワイアットは勘違いからか、違うといいはったが実は正しい。カーブルを出てから八日目に到着した。標高は二九〇〇メートルである。ワキルハーンが交渉してくれてキャンプ地を探すが、一騒動あり。一番よい場所は村民の反対で使えず、麦畑の隅

上）アンジュマン村のゲストハウスからみたシャーイ・アンジュマン（6026メートル）。絵のような美しさ。下）キャラバンの準備をするアンジュマン村の馬丁たち。馬上にいるのがワキルハーン。

上）ワキルハーンの手下3人と右端はバラクランの地主、アタムベク。中）バラクランへ向けてアンジュマン村を出発。黒い筋にみえるのは長く続く遊牧民の羊の群れ。下）羊飼いの男。ケロンあたりの市場へ売りに行くのか。

の柳の木の下を、場所代として一日二〇〇アフガニでどうかという。例のアタムベクはこの村の住人だが、また何かがめついことをいったらしく、ラーマンがなだめてくれた。夕方になってようやく交渉がまとまり、七月一一日から八月三日まで二三日間の場所代として、ノンや卵、山羊の乳、見張りの人件費などを含めて、六〇〇〇アフガニ近くを払った。高いが仕方がない。これもワイアットと折半する。

5　ついにアウトクラトールを採る

七月一二日（金）　記念すべき日となった。朝八時に朝食を済ませ、ワイアットの案内でシャーナワズも一緒に、近くの涸《か》れ沢を一時間ほど登る。

周囲に樹木はなく、乾いた岩山である。やがて左手に、ごろごろと赤っぽい岩石で埋め尽くされた広いガレ場が現れた。無機的な、あまりみたことのない印象的な景色である［一五六頁上の図］。もしかしたら、この赤いガレ場こそがアウトクラトールの生息地の鍵となる条件かもしれないと想像したが、証拠はない。

標高約三五〇〇メートルのこの地点で、初めてアウトクラトールの雄が飛ぶのを目撃した。日本やヨーロッパでは、パルナシウス属の蝶はゆっくりと滑空して花に止まるため、採集するのはきわめてやさしい。ところが、アウトクラトールの雄は、信じられないほど速く直線的に飛び、わずかに咲いているアザミの花を訪れるが、近寄るとさっと逃げてしまう。赤い斜面の岩石は崩れやすく、転倒の危険もある。何度か取り逃がした末に、ようやくアザミの花に止まってくれた一頭をネットインすることができた。

ワイアットは、少し離れた安全な岩の上に立って、チョウが飛んでくるのを待ち構える。彼のネットは、上から地面に叩きつけても大丈夫なように、スチール製の枠のためとても重い。また、黒いネットは、入ったパルナシウスの白色をみやすくさせるためであろうか。一方、私の日本製のネットは、「四つ折り」が間に合わなかったため、「二つ折り」である。これは軽く、振り回すにはよいが、石に当たったりすると柄の根元が折れることがある。実際に一度折れたことがあり、修繕して使うというハンディキャップが生じた。

一般に蝶の成虫では、雌は雄より少し遅れて出現の最盛期を迎える。われわれが到着したとき、アウトクラトールは、これから雄の最盛期を迎えるちょうどよい時期（七月中旬）で、みかけるのはほぼすべて新鮮な雄の個体であった。ワイアットにとっては、新鮮個体を求める二年越しの再挑戦のため、念願がかなって満足であったろう。しかし、雌はまだ最盛期（七月下旬）ではなく個体数は少なかったが、この日は幸い一頭を得ることができた。約五〇種類もいるパルナシウスの中で、性的二型（雄と雌の色彩斑紋が著しく異なる）を示すのは本種だけで、雌は後翅に大きなオレンジ色の斑紋があり類例のない美しさである。羽化したての雌を手にして、しばらくみとれてしまった［**一五七頁上の図**］。

上）アンジュマン村からバラクランへ。地元のタジーク人ではない若い男。ハザーラ人か。下）ワイアットが川沿いの巨石に描かれた絵文字をみつけて記録する。

上）地中にくぐらせたタバコを飲むワキルハーン。中）バラクラン村にて。前の人物は笛、後ろの人物は水タバコをもつ。下）バラクランに到着。キャンプ地を選ぶ。

赤いガレ場とは別の、少し植物が生えている岩場で、たぶん幼虫の食草と思われる、黄色い花をつけたケマンソウすなわちコリダリス（*Corydalis*）の一種が目についた。雌は、そばの地面に翅を開いてべたりと止まっていた。もともと雌は雄に比べて個体数が少なく、また不活発である。歩いていて、うっかり踏みつけそうになって、飛び去ってしまうこともあった。食草と思われるケマンソウの押し花を、後日ドイツのハーバリウム（植物標本館）で調べたところ、中央アジア原産の *Corydalis adiantifolia* という種に似ていると判明した。

アウトクラトールの採集者は、一九六三年以前には、①A・ホールベック（一九一一年）が報告したパミール高原の無名の現地人、②H・コッチ（一九三六年）、③C・ワイアット（一九六〇年）の三名であった。偶然だが、これらの採集者はほぼ四半世紀ごとに現れている。私は日本人としては初めて、世界的にも四人目の採集者となる栄誉を担うことになった。ワイアットの好意に感謝。

七月一三日（土）　休養日。昨日の疲れが出たため、ワイアットとともにキャンプで休養する。

後日整理したところ、バラクランの標高三二〇〇～三六〇〇メートルでは、アウトクラトール以外にも、アフガニスタン特産の珍しいチョウが得られた。タテハチョウ科では、ヒョウモンチョウ（豹紋蝶）属の特異な種で、コッチが発見・記載したアルギロスピラータ・ヒョウモン

（*Argynnis argirospilata*）や、シャンドゥラ・ヒョウモンモドキ（*Melitaea shandura*）、さまざまな高山性ジャノメチョウ類（*Karanasa* 属および *Palarasa* 属）などである。コッチは、あの一九三六年の探査行の際に、アウトクラトールの新発見のほかに、過日、私もパンジャオで採集したイノピナトゥスとウィスコッテイ・モンキチョウの新亜種（*Colias wiskotti aurea*）および前述のヒョウモンチョウを発見した。驚くべき成果であるが、それだけに当時のアフガニスタンは、蝶類研究者にとってのテラ・インコグニタ（未知の地域）であったことがわかる。

近くのアンジュマン川に行ってみるが、急流で釣りにならない。夜間採集は好調で、シャクガ（尺取り蛾）やヤガ（夜蛾）などが多数得られた。昼行性のベニモンマダラのきわめて大型の種（*Zygaena sp.*）とともに、ミュンヘン博物館の蛾の専門家が喜んでくれれば幸いである。

七月一四日（日）　バラクラン高地の予備調査。

この日は二時間ほど登って上部地域（標高三八〇〇～四〇〇〇メートル）の様子をみる。二種のパルナシウス（ジャケモンティとデルフィウス）を採集し、食草も確認できた。赤い色のコリアス、たぶんエオゲネ・モンキチョウ（*Colias eogene*）が飛ぶのをみたが、速くて捕獲できなかった。分類学上問題があるニオベ・ヒョウモン（*A. niobe*）、何種もの高山性ジャノメ、ベニシジミの一種（*Chrysophanus sp.*）などが得られた。バラクラン高地はきわめて有望なので、露営しての再調査を期して下山した。

上）バラクランの赤いガレ場。下）幻の蝶、アウトクラトールの雄。

上）アウトクラトールの雌。下）アザミの花に来るアウトクラトールの雄。

ワイアットの流儀

七月一五日（月）　バラクランにて。

アウトクラトールはまだ雄が多く、採るのに苦労する。スポーツマンのワイアットも年のせいか、山登りプラス採集では疲れる由。一日おきに休養日。

彼と一緒に行動して英国文化の一端に触れたことは、非常によい経験であった。彼に限らず英国人は、行動に関する流儀（文化）を変えようとしない。朝は七〜八時に起床すると湯をわかし、朝食はたっぷり――村人差し入れのノン一枚、卵二個（半熟またはサニーサイド・アップ）、胡瓜があれば一本、コーヒー（粉コーヒーに缶ミルクまたは山羊乳）――で、私の分も作ってくれる（シャーナワズは自分のテントで炊事）。毎日同じである。

チョウの採集は午前中がよいので、急ぎ出発する。昼の弁当はもたない。その代わりに、干しブドウとチーズ少々、ブドウ糖のかけらなどをポケットに入れておく。ヒンドゥークシでは、午後になると急に風が強くなるので、採集はやめて早々と帰宅し、英国文化の象徴ともいえる「午後四時のお茶」（紅茶に砂糖、ビスケット）になる。考えてみれば、非常に合理的な習慣である。準備の時間、昼食休憩の無駄、重い腹具合、かさばる荷物、ごみなどの問題を避ける意味がある。日本には握り飯という、昼食に便利な食があり、一日三食の採集行も自然であるが、どちらがよいのであろうか。

夕食には、アンジュマン川で釣れるブラウントラウトが御馳走である。こちらは、私がさばいてバター焼きを供した。ただし、バターは土地のギーなので、少し臭みがある。英国人、特にいわゆる紳士階級の人は、サケ・マス料理を好んで食べる。ワイアットも喜んでいた。一方、ロンドンの下町では、ウナギ料理が好まれると聞いたことがあるが、ワイアットは知らないとのこと。そちらは、庶民の好物らしい。食べ物にも階級の影響が出るのが英国である。

ホジャ・マホメッド山脈

アンジュマン川の対岸にそびえる標高五〇〇〇〜六〇〇〇メートル級の峰々が、ホジャ・マホメッド(クワヤ・ムハンマド)山脈である。地図によって、Choja Mahomed や Khwaja Muhammad などと記されている。この大きな山脈は、バダフシャーン州の北部に南北に長く延びて存在する。不思議なことに、最近グーグルマップ（Google Map）で検索したところ、そのような名前の山脈はなく、代わりにほぼ同じ場所にコーラン山（Kohe Koran）がみつかる。アフガニスタンの地名は、地図や資料および時代によって一定せず、旧称が消えてしまうこともしばしばであり、外国人にとってはきわめて不便である。むろんコーランは、アラーの神が預言者マホメッドに与えたといわれるイスラム教の聖典のことで、コーラン山は上述のムハンマド山のことと推測できる。

この山脈こそ、一九三六年にコッチがアウトクラトールを発見し、雌雄型を含む多数の個体を

上）バラクラン上部3800メートル地点でワイアットと野営。下）ネットをもって蝶を追うワイアット。

バラクラン上部4000メートル地点での著者。後ろはホジャ・マホメッド山脈。

採集したといわれる伝説的な場所である（第二章参照）。コッチの報告（*Entomologische Zeitschrift* 61(4), 1951）によれば、彼はアウトクラトールを求めて、バダフシャーン州都のファイザバード（Faizabad）より兵士の護衛つきのキャラバンで出発、コクチャ川に沿って南へさかのぼり、後述のケロンを経てアンジュマン渓谷に入ったことがわかる。驚くべきことに、彼は採集者として夫人を同伴していた。一九三六年当時、この地域が地図上でどの程度詳しく記されていたか不明であるが、ホジャ・マホメッド山脈は、彼のルートの右側に長く連なっていたはずである。その谷筋を、馬に乗って、勘を頼りに探っていき、ついに奇跡ともいえるアウトクラトールの多産地を発見した。しかし、それがどこなのか、彼の記録には村や川などの地名が一切書かれていないので、意図的に隠したといわれても仕方がない。

前述の記録をよく読むと、彼は妻とともにコクチャ川沿いに南下しながら、右手にみえるホジャ・マホメッドを探っていった。初めのうち、すなわち山脈の北部では、風に飛ばされてきたアウトクラトールの雄一頭のほかには、全くお目にかかれない日々が続いた。その後、南部に移動したところで多産地をみつけたという。想像するに、きわめてハードな採集日程と、妻を同伴していたため、ときには休養もかねて山麓の村でひとときを過ごしたのではなかろうか。それは、山脈の最南部の麓にあたり、コクチャ川とアンジュマン川が合流するケロン（現・スカルザール Skarzar）であった可能性がある。なぜなら、アウトクラトールを採集した後、彼と妻はアンジュマン川にそって帰宅の途に就き、われわれと同様にアンジュマン峠を越えてパンジシール地区に至っている。

ひょっとしたら、彼の多産地は、バラクランのわれわれと同じ場所ではないか、との疑問が浮かぶ。しかし私は、それはないと思う。第一に、バラクランやアンジュマンの位置を偽ってホジャ・マホメッド山脈と称するのは、いくらなんでも無理である。第二に、なんという偶然か、彼はアウトクラトールの雌雄型を採集したが、それは七月二七日、すなわちコッチ夫人の誕生日のことであった。この日付は嘘であるはずはない。さらにそこに八日ほど滞在して採集し、帰途に就くとき「まだ危険な峠が二つもある」と書いている。それはアンジュマン峠とハワク（Khawak）峠に違いない。つまり、バラクランやアンジュマン村付近を通ったのは間違いないが、その時期はすでに八月一〇日を越していたと考えられ、一九六〇年のワイアットの経験と同じく、アウトクラトールはすでに発生期をすぎていて、飛び古した（売り物にならない！）個体ばかりであったはずである。

前述のように、コッチは驚くべき能力を備えた採集者・分類学者であったが、同時にやり手の商売人でもあった。そのことを批判する意図は全くないが、産地の改ざんや秘匿があったとすれば、それは科学に対する裏切りであろう。それに対して、ワイアットと私はあくまでも学術的記録をめざし、産地についてもアンジュマン渓谷のバラクラン村の奥で標高は約三五〇〇メートルと明示した。ドイツに帰った翌年の一九六四年には、ワイアットと連名で、科学雑誌『コスモス』（Kosmos）一〇月号にカラー写真つきで「夢の蝶を求めて」（Auf der Suche nach dem "Traumfalter"）

上）バラクラン上部からホジャ・マホメッド山脈をのぞむ。下）中央がホジャ・マホメッド山。

なぞの アポロ蝶

The Most Precious Butterfly,
The Autocrator Apollo.

〝世界の屋根〟といわれる中央アジア高地は，〝アポロ蝶〟のふるさとである。中でもアウトクラトール（専制君主）という種類は，1911年にパミール高原で１頭発見されてから，なぞの蝶として，世界の蝶収集家が追い求めるところであった。次いで1936年，ドイツ人コッチュがアフガニスタン北部で，アウトクラトールを発見した。彼は捕えた蝶でひと財産をきずきあげたが，産地を秘したまま死んだ。このため，蝶は再びなぞのベールにつつまれてしまった。1960年イギリス人探検家ワイアットはアフガニスタンを訪れて，偶然にも蝶の発生地を発見した。東大人類学教室の尾本恵市氏は，1963年，ワイアットとともに同地を訪れ，蝶の生態をくわしく観察し，撮影した。（本文参照）

「なぞのアポロ蝶」を投稿した『科学朝日』（1966年）のグラビアページ。

という記事を書いた。また、ワイアット自身も英国の雑誌に紀行文を書いている。

一九六四年に日本に帰国してから、私は『科学朝日』に「なぞのアポロ蝶」と題する記事を書き（一九六六年）、バラクランという集落名を明記して、カラー写真つきでアウトクラトールの生態を日本で初めて記載した〔一六五頁の図〕。多くの人がそれをみたに違いないことは、数年後の一九六〇年代後半から、日本から採集者が大勢バラクランに押しかけた事実からも明らかである。ある大学の登山隊の旅行計画をみると、「ヒンズー・クシュにおける高山蝶の採集」を目的に、バラクランなどで蝶を採集すると記され、主にアウトクラトールの採集を狙っているのは明らかであった。ショーパラーク（蝶）を採りに大勢の日本人が押しかけ、アンジュマン村のワキルハーンはさぞ驚いたことであろう。知る由もないが、私のことを思い出してくれたであろうか。

ヌリスタン

地図によれば、アンジュマン村から標高四〇〇〇～五〇〇〇メートルの峠を越えてゆくとヌリスタン（Nuristan）州、その先はパキスタンである。アフガニスタンにしては珍しく豊かな森があり、そこにいるヌリスタン人（Nuristani）はギリシャ人のような顔つきで、一説によれば、紀元前四世紀のアレキサンドロス大王の軍隊の落とし子である。カーブル博物館にはきわめて独特の木製の造形物が展示されていた〔二一六頁上の図〕。しかし、紀元七世紀以降アフガニスタンのイスラム化に伴い、ヌリスタン人は異教徒（カフィール）として迫害されるようになり、民族学上特異な文化財の多くは偶像崇拝を理由に廃棄されたという。

私は、以前よりヌリスタンやその民族に興味があり、できれば一度訪れたいと考えていた。たまたま、ひと山越えれば行ける場所にいたので、いっそ一人で実行しようかとも思ったが、準備不足の上、われわれの旅行許可にヌリスタンが含まれていないなどのため、残念ながら断念した。蝶に関しては、ヌリスタンで確かめたかった具体的な問題がある。それは、日本にもいるコムラサキ（*Apatura ilia*）の分布に関する疑問である。この種は、東アジアとヨーロッパに広く分布するが、中間の中央アジアには見られない。近似種（*A. iris*）も同様の不連続な分布を示す。幼虫の食樹はヤナギである。英語では「紫の皇帝」（Purple Emperor）と呼ばれるコムラサキの類は、本来ユーラシアの温帯森林帯に連続して分布していたが、中央アジアでは乾燥化によって森が消失したために絶滅し、空白地帯となったと推測される。しかし、もしアフガニスタンのヌリスタン州に森林が残っているなら、そこにコムラサキ類が残存しているのではないだろうか？　それを調査するのが夢であったが、現今の同国の絶望的な状況を考えれば、残念ながら実現の可能性はなさそうである。

ワキルハーンは何を望んでいるのか？

キャンプにいるとき、しばしば、ワキルハーンがサクランボのような果物を土産にもってくる。アンジュマン村から馬で片道三、四時間ほどかかるが、タジーク人にとっては、なんでもない。

上）キャンプ地の景観。下）キャンプ地に現れたヌリスタン人。シャーナワズ（青のセーターを着用）は警戒している。

上）重厚な鉄砲を携えるワキルハーン。下）シャーナワズとお茶を飲むワキルハーン（右）。

「テント番をしてここにいてもよい」というので、「それは悪いから、どうかお構いなく」といったが、「ここにはよからぬ者がいるので、もし何かなくなったら自分の責任だ」という。シャーナワズは、「バクシシ（チップ）をやればよい」と冷たいが、金は絶対に受けとらないという。アタムベクならバクシシ大歓迎の様子である。この二人は、何から何まで正反対。ワキルハーンは自分に誇りがあるが、アタムベクのほうは卑しい。

あるとき、ワキルハーンは真面目な顔で私に「なぜショーパラーク（蝶）を採るのか？」と聞いてきた。「売るため」とか「薬になるから」と想像しているらしい。それはそうであろう。英国や日本という遠い国からはるばるアフガニスタンにやってきて、大金をはたいてこんな僻地にまで来るからには、よほどうまい「儲《もう》け話」があるに違いない、とアフガン人が考えるのは自然である。私は、信じてもらえないことを承知で、「売るためでも、薬になるからでもない」と答え、「博物館に展示するため」「大学で研究するため」「珍品を発見して本を書くため」などの理由を並べたのちに、「われわれは商売ではなく、蝶を採るのが趣味なのだ」といった。通訳のシャーナワズは困ったような顔をしたが、彼も大学人なのでわかってくれたはずである。あれこれと説明したが、ワキルハーンは趣味（hobby）という概念を理解できないようである。

そこで私は「多くの外国人がバンダカーなどの高い山に登るためにやってくるではないか。登山も趣味の一つで、ショーパラークを採るのと同じこと。金儲けにはならないし、薬のような役にも立たないが、それが大好きな人がいるのだ」といった。彼は、少しわかってくれたのか、それとも、ますますわからなくなったのか、あいまいな表情をしていた。文化の違いを超越して、価値判断に関する問題を理解しあうことが、いかに困難であるか、しかし、相互理解のためにはそれがいかに有益であるかを、身をもって体験するひとときであった。

しきりに、何かしてくれるというが、何を求めているのかわからない。察するにアフガンの風習では、いらないといいながら実は欲しい、期待しているということが多いらしい。もっとも、日本にも似たようなことはあり、話にはいつも表と裏があるようだ。夕方になりまたやってきたので、小型の日本製トランジスターラジオをみせて、「欲しければ好意のお返しとして、別れるときにあげようか」というと、えらく喜ぶ。さては、目的はこれだった。山中なのでよく聞こえないかと思ったが、夜になると隣国タジキスタンのラジオ放送の音楽がよく聞こえる。しかし、バッテリーが切れたらどうするのかが問題である。シャーナワズによれば、カーブルのバザールなら、たぶん買えるであろうとのこと。

ワイアットは村人の合唱を録音する。初めは二人が竹笛と空き缶のタンバリンで合奏、そのうちに村人が参加して盛んに歌う。まるでカラオケである。同じリズムが繰り返されるが、そのうちに少し静かな歌になった。何か、と聞けばLeile Majinunというイランの恋歌だという。しかし、金で妻を買える文化のもとにありながら、恋歌とはずいぶん勝手ではないか〔一七二頁の図〕。

休憩時間に空き缶を叩いて歌う馬丁たち。タジーク人なのだろう。

上）バラクラン村の少年。下）タジーク人の子ども。

バラクランという地名

ある日キャンプ地に、この地方（バダフシャーン州ムンジャン県）の行政中心であるスカルザールから数名の役人が書類を調べにきた。ずいぶんと大げさであるが、旅行許可書類をみせろという。ワイアットがそれをみせると、何も問題がなかったので早々に帰っていった。アンジュマン川の下流方向にみえる高い雪山がバンダカー岳で、登山家に人気のアフガニスタン最高峰（標高六八四三メートル）である。スカルザールの町はその手前にあり、ここでアンジュマン、ムンジャン、コクチャという三本の川が合流する。歴史的に重要な交通の要衝であるが、この地名も地図によってさまざまで、ムンジャン郡の境界を意味するクランワ・ムンジャン（Kuran-wa Munjan）と記されている地図もある。また一九六〇〜七〇年代には、当時の地図にもとづいて、ケロン（Keran）として登山家らに周知されていたが、これはクラン（Kuran）のことであろう。

実は、唐代の玄奘三蔵（六〇二〜六六四年）が経典を求めてインドに旅したとき、二度アフガニスタンの土を踏み、著名な地を通過した記録が残っている。『大唐西域記』など、彼の旅を記録した文書（長澤《ながさわ》和俊《かずとし》による）によれば、往路は現在のバーミヤーンなどを、また帰路には鉢鐸創那国《バダフシャーン》、淫薄健国《インヴァカン》を経て屈浪拏国《クラーナ》に至り、以後は現在のパミール高原やワハン（Wakhan）回廊を通って、六四五年に唐に帰国したとある。このクラーナ国がケロン（クラン）のことと考えられる。

ところで、バラクランという地名のKuran（Quran）は、距離的にごく近いケロンまたはクランのことと考えてよいであろう。地元の人に聞くと、バラ（Bala）はペルシャ語系のアフガン語では「上」の意味だという。それなら、バラクランは、地理的にスカルザール（クラン）からアンジュマン川を一〇キロほどさかのぼった村なので、「クランの上」を意味する地名であると理解された。

アンジュマン川のマス

七月二〇日（土） ワイアットも私も疲れがでて休養日とした。

バラクランの住人アタムベクの案内で、シャーナワズおよびワキルハーンと一緒に、大型のマスがいないか近くのアンジュマン川で探ることにした。先日アンジュマン湖で釣ったブラウントラウトは、みな一五～二〇センチの小型魚であったが、どこかにもう少し大型のマスがいるに違いないと思っていた。急流のため、釣りにはあまり適さない場所が多かったが、比較的ゆるやかな流れの場所をみつけた。突然、連中の叫び声を聞き、何事かと思う間もなく、上流から流されてきたのは一メートルほどの長さの蛇であった。頭の形からみて無毒の蛇のようである。すると三人は歓声をあげて石を投げつける。当たって蛇はもがきながら、川中の石に這い上がろうとしている。さらに石を投げて、蛇は動かなくなった。食用にするのかと思ったが、そうではない。子どものように、殺すこと自体がおもしろいのである。

前にも述べたようにこの国では、娯楽が少ないからか、大人による生き物に対する無益な殺生が当たり前のようにおこなわれている。しかし、もしかしたら、われわれがショーパラークを殺すのと同じことではないか、と反論されるかもしれない。むろん、われわれの殺生は、学問のためなので無益ではないと思いたい。彼らが信ずるコーランには、無益な殺傷を禁ずるとの文言はないのであろうか。

それはさておき、二〇センチぐらいのブラウントラウトを三匹釣り上げて下ってゆくと、よさそうな淵《ふち》があった。大きなマスがいるかもしれないと思い、餌のイナゴを鉤につけて投入したところ、ただちにググッと強い当たりがあり、あっという間に大使館から借りた大事な竿をポッキリと折られ、魚は逃げてしまった。おそらく、日本でいう「尺もの」（三〇センチ以上）であったろう。アタムベクは、かつてアンジュマン湖で二九ポンド（約一三キログラム）という巨大魚が網にかかったことがある、という。しかし、これはきわめて疑わしい。釣り師はホラ吹きだというが、アフガニスタンのこんな山の中でもそうなのか、とおかしくなる。たぶん、アラル海の漁の話と混同していると思われる。

七月二一日（日） 珍しく朝から曇り空。

アウトクラトールは、日光が射《さ》さないとさっと姿を隠して飛ばない。これはパルナシウス属の特徴である。午後、風が強まりテントが揺れる。シャーナワズから、思いつくままにアフガン語の単語とその意味を教えてもらう。emruz=today, ferdā=tomorrow, abr=cloud, sarrd=cold, sharrq=east, gharb=west, janub= south, shemal=north, atash=fire, hava=weather, bad=wind, darryacha=lake, rud(nahr)=river, juja=chicken, shahparak=butterfly, parranda(janavar)=insect, va=and, seyah(mushgi)=black, sefid=white, surkh=red.

夜、荒れ模様でテントを打つ雨の音がする。滅多にないことである。

七月二二日（月） 朝起きてみて驚いた。周囲の山々のたぶん標高四〇〇〇メートル以上がうっすらと白くなっている。

アウトクラトールは無事だったろうか。心配になり、急ぎ標高三五〇〇メートルの生息地まで登る。天気は回復していた上、アザミの花に止まる何頭もの雄をみて安心する。心なしか、カンカン照りのときより活性が低いように思われ、比較的容易に捕獲できたように感じた。結局、この日は雄一一頭と雌三頭を得ることができた。まだ雌の最盛期ではないらしい。ワイアットは、彼のお気に入りのポイントで待ち構え、なんと雄一九頭をしとめたという。今までで最多の収穫である。

コリアスはウィスコッティとアルフェラキイ、ヒョウモンチョウ属は二種、ジャノメチョウ亜属（*Karanasa, Palarasa, Satyrus*）は何種採ったのか、展翅してみないとわからない。新種や新亜種が含まれている可能性は高く、帰国後の整理が楽しみ。フォルスター博士への土産（シジミチヨウ類）も多数採集できた。

七月二三日（火）〜二六日（金）　ワキルハーンが案内してくれるというので、馬を借りてかなり広範囲に周辺の山を探索してみたが、アウトクラトールの新しい生息地をみつけることはできなかった。

察するに、われわれにおなじみの、赤いガレ場とその周辺の標高三三〇〇〜三六〇〇メートル付近だけの、非常に局所的な分布を示す種であることが確実となった。このような不連続かつ局所的な分布がどのようにして成立したかを推測してみよう。重要な条件は、気候変化、特に乾燥化と、幼虫の食草の分布である。蝶の幼虫の食草は、長い進化の過程で特定の植物種に決まるもので、環境変化によって変わることは滅多にない。パルナシウス属の食草のコリダリスは、一般に乾燥地に適応しているが、乾燥化が進むと適応できずに分布を縮小させて生存する。そのため、蝶の分布も不連続に局所化されてゆく。しかしこの場合、かならずしも、個体数が減少するとは限らない。狭い場所に押し込められた集団では、条件が許せば、かえって個体密度が増えることもあろう。

この例がアウトクラトールではないだろうか。幻といわれ、長い間なかなか発見されなかったのには理由がある。生息地が局所的で、不連続であったからである。仮に、コッチとワイアットが発見した産地が、独立でなく一つながりに連続していたと考えてみよう。すでに述べたように、ホジャ・マホメッド山の南部とバラクランのあるアンジュマン渓谷とは、同じバダフシャーン州の比較的近い距離に位置している。もしこれらが一続きの場所であったなら、もっと早く発見されていたに違いない。また、これら二つの局所的生息地では、この個体数（密度）は決して少なく（低く）ない。アウトクラトールは、もはや「幻」ではないのである。

このころから、雌が頻繁にみられるようになった。七月下旬から八月上旬が雌の最盛期の模様。雄より不活発で、飛翔中の雌をみることはほとんどない。油断していると足元から飛び立って逃げられる。追ってもまず捕獲できない。パルナシウスの中で、この種だけに明瞭な性的二型がある【六四頁の図】。つまり、翅の色彩斑紋が雄と雌で全く異なる。これは、偶然か、それとも何か理由があるのか、わからない。

パルナシウスの雌には、もう一つ不思議な特徴がある。交尾後の雌にのみみられる交尾嚢またはスフラギスと呼ばれる付属物で、交尾の際に雄が分泌する粘性物質が固まったものである。特に興味深いことは、その形が種によって一定かつ独特で、これをみれば種を判定できることである。アウトクラトールの場合は、二枚貝を押しつぶしたような、左右に平たい形状で、しかも黄色という特異な特徴である【六五頁の図】。

交尾嚢が種によって独特の形であるのは、なぜか。雌の複数回の交尾を防ぐ役割があるといわれるが、なぜ、種によって異なる個性的な形状なのか、詳しい機能についての研究はまだないようである。パルナシウスには、未解決の研究テーマがいくつもあり、パルナシオロジーという学問が提唱されるゆえんである。

研究のためには、何も中央アジアまで行く必要はない。日本にも、本州のウスバシロチョウや北海道のヒメウスバシロチョウ（*P. stubbendorfii*）という普通種が人家の近くにも棲んでいるので、実験研究には好都合である。

6 マルコポーロ・モンキチョウとの遭遇

高山蝶の宝庫

七月二八日（日） 床は岩場なので、マットレスを敷いて寝袋で寝る。屋根はなく、三日月と満天の星が荘厳ともいえる美しさだが、雨（雪）が降らないことを祈る。

過日（七月一四日）の予備調査で、バラクラン上部の標高四〇〇〇メートル付近が、赤いコリアスを目撃するなど、非常に有望であることがわかっていた。しかし、日帰りでは無理なので、ワイアットと二人だけで露営をして数日間、本格的に調査することになった。標高約三八〇〇メートルの地点に、遊牧民が風よけに利用する石積みがあるというので、村の男二人に荷物を運んでもらい（お礼は一人五〇アフガニ）、寝る場所を設定した。

簡単な夕食をすませると、ワイアットは先に寝るという。私には、まだ夜間採集という仕事がある。思ったほど寒くないので少し離れた場所でペトロマックスに点火し、白布を広げて待つ。

九時ごろ、周囲の漆黒の闇の中から高山性のシャクガやヤガの類が、飛び出しては白布に止まる。おびただしい数である。それらを注意深くピンセットでつまんでは、三角に折ったパラフィン紙に包んでゆく。蛾のことは詳しくないので、珍品が来たかどうか知る由もないが、ヒンドゥークシ山脈の標高四〇〇〇メートル近い高地の夜間採集の成果といえば、専門家ならきっと喜ぶはずである。一時間ほどで、寒くなってきたので切り上げて寝ることにした。

七月二九日（月）朝七時　起床、簡単な朝食を済ませて八時出発。

標高四〇〇〇メートルをめざす。狭い涸れ沢にそって登るが、道なき道は石ゴロで歩きにくい。二時間ほどで谷の上部、標高約四〇〇〇メートル地点に達した。酸素濃度は平地の六〇パーセントなので、歩くと息が切れる。ワイアットとは、少し離れて歩く。

コリダリスの一種をみつけたが、アウトクラトールの食草とは、葉も花も違う。周囲を飛んでいたパルナシウスを採ってみれば、デルフィウス・ウスバアゲハチョウであった。また、赤い花のベンケイソウの群落があり、あたりをジャケモン・ウスバアゲハチョウが飛び交っている。両種、それぞれ一〇頭ずつを得た。ほかにコリアスの食草のレンゲソウ属（マメ科）の一種（*Astragalus*）や、食草ではないが観賞用で知られる赤い花のヤナギラン（*Epilobium*）などが咲き誇っていた。赤いコリアスは高速で飛ぶが、比較的頻繁に花に止まるので採りやすい。やはりエオゲネ・モンキチョウと判定され、雄九頭雌一頭を採集することができたのは望外の喜びであった。そのほか、大珍品マホメッド・シロチョウ（*Pieris mahometana*）や、ワイアットが一九六〇年に発見して新種記載したジャノメチョウの珍種（*Palarasa shakuti*）など、初めて目にする蝶がたくさん得られ、アウトクラトールは標高差のためみられないが、この場所は高山蝶の宝庫であると確認できた。

そのうちに、谷の上流方面から矢のように、しかもジグザグに飛んでくる蝶が目についた。コリアスに違いない。日本のモンキチョウより少し小型で、エオゲネほど赤くないオレンジ色である。とりあえず、コリアスXと呼ぶことにした。こんな種がアフガニスタンにいただろうか？とっさには思いつかない。エオゲネと違って、こちらは止まる気配がないが、酸素濃度が平地の六〇パーセントでは、追いかけることはほとんど不可能である。じっと観察していると、コリアスXは約一〇分おきに、一定のコース（蝶道という）をとって、沢の上流から下流へと飛んでゆくことがわかった。

おそらく雄で、食草の近くで羽化した雌を探して交尾するのが目的である。あんなに速く飛んでいて、はたして雌をみつけられるのか、不思議である。一般に、コリアスなどの雌は雄よりも不活発で、羽化すると食草の近くに止まったり、近距離を飛んだりして雄を待つ。よく知られているように、トビなどの鳥は、高空を旋回しながら地上のネズミを発見する、驚くべき視覚能力をもっている。しかし、チョウなど昆虫の複眼に同じような働きがあるのであろうか、知りたいものである。

コリアスの食草は、ほぼすべての種でマメ科のレンゲソウ（*Astrogalus*）属である。高山では、この植物は寒冷気候に適応するため、低く丸い形のブッシュになっている。しかし、同じようなものが何種類もあり、どれがこの食草かはわからない。考えていても仕方がないので、コリアスXの雄の蝶道にできるだけ接近することを試みた。飛行は、地上二メートル程度とネットが十分届く高さである。私の身長は約一八〇センチなので、この場合はよかった。また、一〇分程度の間隔をあけて次の個体が飛んでくるので、取り逃がしても次のチャンスがくることもわかった。

そこで、谷の上部をにらんでネットを構えて立ち、そばを通り過ぎようとするコリアスXを、野球の打者よろしく掬《すく》いとろうとする。しかしなんとしたことか、敵は寸前にコースを変えて逃げ去ってしまう。何度か取り逃がすたびに、自分の下手さを呪う大声が出る。誰かに聞かれたら、恥ずかしい。そこで、ハッと気づいた問題は、私のネットが白い色であったことである。自然界では白色は珍しく、非常に目立つために警戒されるのではないか。ワイアットの黒いネットの意味がわかった。

そこで、蝶道の脇にあった大きな岩の陰に隠れてじっと待ち、コリアスXが通り過ぎようとする瞬間にネットを振ることにしたところ、幸いにも初めて捕獲に成功した。震える手でネットから取り出したコリアスXは、今までみたことのない独特のオレンジ色（樺色《かばいろ》）の雄である。その後も同じような作戦で、さらに雄一頭を得ることができた。

ワイアットの姿はなく、だいぶ時間もたったので露営地に戻ることにした。すると、なんたる

上）バラクラン上部4000メートル地点。マルコポーロ・モンキチョウの好産地。下）この地点に設営した露営地でのワイアット。

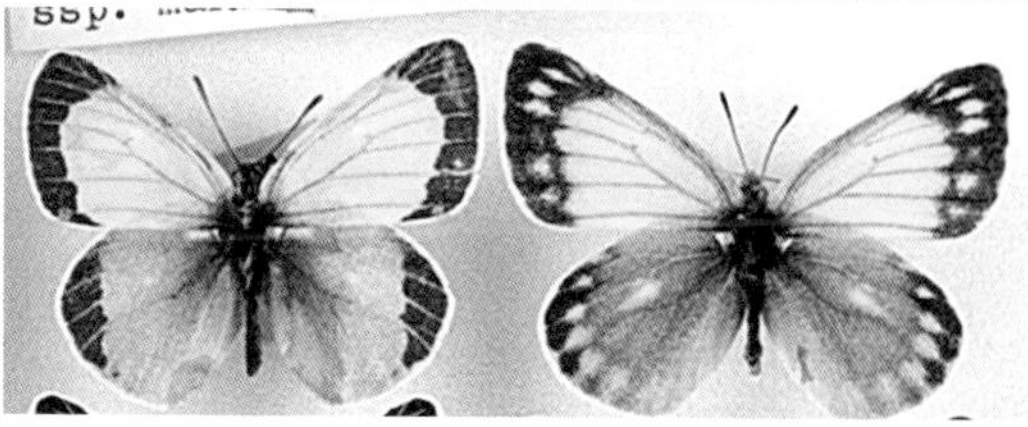

上）バラクラン上部、蝶を発見した地点。中）マルコポーロ・モンキチョウ（パミール産）。下）当初「コリアスX」と呼んでいたマルコポーロの亜種。のちにクシャーナと命名。

幸運か、途中でレンゲソウの茂みの上をゆっくり飛ぶコリアスを発見、難なくネットインすることができた。疑いなく、コリアスXの雌で、雄と同じオレンジ色の翅表である。

露営地に戻ると、ワイアットが「四時のお茶」を入れて待ってくれていた。標高四〇〇〇メートル地点ではお湯がなかなか沸かないとのこと。英国人は、いかなる条件下でも文化にもとづく流儀を曲げることがない。聞くと、彼もコリアスXの雄二頭を採っていて、これはたぶんマルコポーロ・モンキチョウであるという。

『東方見聞録』を書いたイタリアの商人・旅行家のマルコ・ポーロ（Marco Polo）は、一二七〇年代にアフガニスタンを訪れ、まさに、今われわれが立っているヒンドゥークシ山脈を越えて、パミール高原から中国をめざした。彼の名前を冠したコリアス（*C. marcopolo*）は、ロシアの蝶研究家グルム・グルシマイロ（Grum Grshimailo）によって、パミール高原で得られた標本にもとづいて記載されたもので、アフガニスタンからは正式記録がない。また、ワイアットのコレクションにはパミール産のマルコポーロの標本があるが、翅の色は薄い黄色で、今日われわれが採ったオレンジ色とは全く違うとのこと。ひょっとしたら、アフガニスタン新記録で新亜種になるかもしれない。

夕食後、ポケット瓶のウイスキーで祝杯をあげる。下のキャンプ地では村人の目があるので、なるべく飲まないようにしていた。イスラム文化では、アルコール類の飲酒や販売は厳禁で、外国人はこの限りではないことになってはいるが、やはり気が引ける。ほんの一～二杯飲んだだけで、二人とも酔ってしまう。高所での飲酒は要注意である。

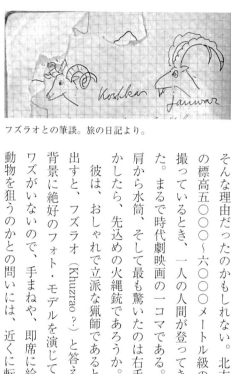

猟師フズラオ

前日（七月二九日）は、マルコポーロの発見で興奮した。今日は、疲れが出たため露営地にとどまり、採集品の整理や写真撮影をする。ワイアットは、少し頭痛がするといって、元気がない。大ベテランの旅行家でも、年のせいであろうか。私の同行を望んだのも、そんな理由だったのかもしれない。北方には、ホジャ・マホメッド山脈の標高五〇〇〇～六〇〇〇メートル級の山並みが間近にみえる。写真を撮っているとき、一人の人間が登ってきたが、彼のいでたちをみて驚いた。まるで時代劇映画の一コマである。いかにも古そうな軍服に軍帽、肩から水筒、そして最も驚いたのは右手にもつ旧式の鉄砲である。もしかしたら、先込めの火縄銃であろうか。

フズラオとの筆談。旅の日記より。

彼は、おしゃれで立派な猟師であるとわかった。苦心して名前を聞き出すと、フズラオ（Khuzrao ?）と答える。ホジャ・マホメッド山脈を背景に絶好のフォト・モデルを演じてくれた【一八八頁の図】。シャーナワズがいないので、手まねや、即席に絵を描いて会話を試みる。どんな動物を狙うのかとの問いには、近くに転がっていた大きな角を指さして、

古風ないでたちで現れた猟師、フズラオ。

上）大きな野生のヤギの角をみせるフズラオ。下）射撃のポーズを取るフズラオ。

コシュカル（Koshkar?）という。前から気になっていたが、それは、中央アジアに広く分布するマルコポーロ羊（*Ovis poli*）の角である［一八九頁上の図］。もって行けというような身振りをするが、むろんそれは大きすぎ、重すぎて無理である。また、カーブルのバザールでみたユキヒョウの毛皮を思い出したので、絵を描いてみる。するとすぐに嬉しそうにうなずいて、パランガ（Palanga?）といって山の上のほうを指さした。

バラクラン村のアタムベクなどより、はるかに社交的で友好的な人物である。お茶を勧めたが、いらないというので、モデル代の代わりに一〇〇アフガニを進呈した。もしかしたら、われわれは彼の露営場所を占拠したのではないかと思ったが、彼にそんなそぶりはみられなかった。ふと、ある疑問が頭に浮かんだ。本当は、彼は現役の狩猟者ではないのではないか。絵になるようないでたちは狩にふさわしいとはいえないし、日が高いのにこんなところでウロウロしても獣は狩れまい。もしや、これは彼のアルバイトではないか。登山者に写真を撮らせて、小遣いを得る。われわれ都会人は、すぐにそんなことを考える。

しかし、彼のほほえみや愛すべき態度をみていると、単に金のために演技をしているとは思えない。私は、余計なことは考えずに、彼はマルコポーロ羊を狙う真の狩猟者であった過去からタイムスリップしてきた人物だと思うことにした。

旅行の楽しみは、偶然、全く予期しないが、ほのぼのとした出来事に出会うことである。フズラオとの邂逅《かいこう》は、今回のアフガニスタン旅行の中でも出色の出来事であった。

マルコポーロ・モンキチョウのその後

七月三一日（水）　一昨日は、標高四〇〇〇メートルの地点でマルコポーロ（こちらはコリアス）を採集したが、雄が飛んでくるのは、もっと沢の上流からであった。そこで今日は、もう少し上部、たぶん標高四一〇〇～四二〇〇メートルの地点まで登ってみようと思う。

連日の疲れが残っていて、少し歩いては止まって息を整える。しかし登山とは違い、重いザックを背負っていない分だけ楽である。昼前になんとか、標高四一五〇メートル地点に到着することができた。水たまりに、薄く氷が張っている。

期待どおりに、マルコポーロが飛んでいる。初めてではないので、落ち着いて、しかし白いネットを隠して狙う。そのためか、一時間ほどで雄三頭と雌一頭を採ることができた。ほかには、デルフィウスやジャケモンティが多い。ワイアット命名のシャクティなど、ジャノメチョウ類にもいろいろな珍しい種がいた。

後日、八月末にドイツに戻り、採集品を展翅して整理をした。特にわれわれが採集したマルコポーロについては、ワイアットとも相談して、種々の文献や博物館の情報によって、パミールの原名亜種（*C. marcopolo*）との比較をおこなった。その結果、バラクラン上部のものは独特で、

上）バラクランを撤収。手前の茶色のテントはシャーナワズのもの。下）ワキルハーンがアンジュマン峠まで送ってくれた。

上右）ワキルハーンの息子が飼っているキジに似た鳥を手にするシャーナワズ。中右）アンジュマン峠のサクラソウの群落。コリアス・コカンディカが飛び回る。中左）コカンディカ。下）コカンディカを追うワイアット。小さくてよくみえないと癇癪を起こす。

アフガニスタンから新記録の新亜種として記載・発表することになった。パミール産の標本と比べてやや大型で、翅表が薄黄色ではなく樺色に近いオレンジ色であるのが一番の違いである〔二八五頁下の図〕。

新亜種の名前が問題であったが、ワイアットは私に任せるといってくれている。よくある命名法は、その目立った特徴や、人名または地名を用いるものである。しかし私は、それではおもしろくない、何かアフガニスタンの歴史にちなんだ名前をつけたいと思った。結論として、紀元一～三世紀にインドからアフガニスタンにかけて栄え、バーミヤーンの大仏（第五章参照）を建造した仏教王国（クシャン）にちなんだクシャーナという亜種名（*C. marcopolo kushana*）に決めて、一九六六年に*ENTOMOPS*というフランスの専門誌で発表した。

バラクランを撤収する

八月一日（木） バラクラン上部での調査を成功裡に終えて下山し、懐かしいテントでゆっくり休養した。麦畑の一角に借りた土地を八月四日には明け渡す約束なので準備をする。

予定では、四日にバラクランを撤収し、アンジュマン村に二泊、七日ごろアンジュマン湖で一泊、さらにアンジュマン峠付近（標高三五〇〇～四二〇〇メートル）のどこかにキャンプを設定して付近を調査した後、一五日ごろにはワキルハーンがわれわれをダシュティリワットまで送ってくれることになっている。カーブル帰着は一八日ごろになる。

八月四日（日） 午前中にキャンプをたたみ、地主に挨拶して料金を払う。荷造りをしているとアタムベクが現れて何か訴えるような様子。シャーナワズがあきれていうには、「ワキルハーンにはラジオをやるのに、俺には何もないのか」といっている由。ゴタゴタするのはかなわないので、ドイツ製の折り畳みナイフをやると、素直に受け取った。

嫌な奴《やつ》だったが、彼とて子どものように純朴な男なのだ。都会人にみられるような真の悪者ではない。ワキルハーンの部下が馬を連れて迎えにきたので、午後一時に出発し、五時にアンジュマン村に到着した。標高約三〇〇〇メートル。ワキルハーンの私邸は村から少し離れた小高い丘の上にあり、まるで城のよう。ここには彼が二人の兄弟とともに住む。離れのような旅人用の一室に荷を下ろし、ようやく落ち着くことができた。やはり、二人の奥さんは別の所に住んでいるといい、紹介してはくれない。

八月五日（月） 朝食のとき、初めて食べたクルチャ（kulcha）という丸いパンがおいしかった。食後、何もすることがないので、付近をぶらぶらする。

四方に標高五〇〇〇～六〇〇〇メートル級の山々。アンジュマン峠方面を向いて左側にみえる、

上）食草アストラガルスにとまるコカンディカ・モンキチョウの雄。下）珍品のコカンディカの雌。

上）コカンディカのいた水源の近くで涼むワイアット。下）アンジュマン峠で。

ひときわ高い山がシャーイ・アンジュマン（Shaye Anjuman　標高六〇二六メートル）らしい。その奥はヌリスタン州、さらに行けばチトラール地方（パキスタン）である。山越えしてきたヌリスタン人二人が村人と何か話している【一六八頁下の図】。笑顔ではない。ヌリスタンは、かつてカフィリスタン（黒い、または異教徒の国）と呼ばれ、住民は独特の文化をもつために、やや恐れられていた。先に述べたように、私が一番行ってみたい地域である。

登山家が二人、やってきた。バーゼル出身のドイツ人で、アフガニスタン最高峰のバンダカーに登頂した由で、真っ黒に雪焼けしている。私のバイエルン（ミュンヘンのある州）訛《なま》りのドイツ語に驚いていた。

ワキルハーンの子どもが、ちょっとキジに似た、珍しい鳥を抱いてきてみせてくれる【一九三頁上右の図】。カウケセリという野生のライチョウ（*Lagopus sp.*）で、高い山で捕まえて愛玩用に飼っている由。食べるためではないという。前述の、「アフガン人の男はみな動物虐待者である」は、私の偏見であった。

夜食には、羊を一頭犠牲にしての焼肉料理でもてなされた。ビールが飲めれば最高だが、それは無理というもの。シャーナワズは、これまで「肉が食べたい」といい続けてきたので、機嫌がよく、よくしゃべる。カーブル大学を出て就職するか、それとも残って何か研究するか、決めかねているとのこと。社交性もあり、誠実な男なので、就職するほうがよいと個人的には思ったが、無責任なことはいえないので、激励だけはしておいた。なお後日、一九六六年にワイアットとの共著で発表した新記載の中で、ジャノメチョウの一種の新亜種名に、彼の名前を用いたことを付記しておく（*Hyponephele hilaris shahnawazi*）。

楽しい食事の後、私はワキルハーンに感謝の気持ちを伝えるとともに、約束のトランジスターラジオを進呈した。念のためオンにすると、音は小さいがタジキスタンの音楽が聞こえたので安心である。カーブルで、替えの電池を手に入れるように念を押しておいた。

バラクランにおけるわれわれの成功は、彼の協力なしではありえなかったろう。しかし、なぜ彼は、初めて会うわれわれにあれほど親切だったのか？　単にラジオが欲しかったからとは思えない。彼の属するタジーク人は、アフガニスタンの最大勢力であるパシュトゥーン人に次ぐ大きなグループであり、文化的にもパシュトゥーン人と共通点が多い。普通、アフガン人といえばパシュトゥーン人のことである。彼らは、独立心、平等意識、個人的名誉および好戦性で知られているが、特に名誉に関する掟《おきて》はパシュトゥーンワーリー（Pashtunwali）と呼ばれ、彼らを理解する上で非常に重要である。その主要な三つの内容は、歓待（どんな人であろうと、客人を大事に接待する）、庇護（助けを求める者には、たとえ敵対者であっても、逃げ場を与える）、それに復讐（名誉が傷つけられれば、報復しなければならない）である（ウィレム・フォーヘルサングなどによる）。

まさしくワキルハーンは、この掟に従い、われわれを歓待したに違いない。

しかし客人を大事に扱うのは、何もアフガン人に限らない。これは本来、遊牧民（nomadic peoples）のしきたりではなかったか。いかなる風体であろうと、客を通じてさまざまな文物のほ

上）アンジュマン峠到着。中央にワキルハーン、遠くに見えるのはバンダカー山（アフガニスタン最高峰6843メートル）。下）アンジュマン峠を越えてパンジシール渓谷へ。ジャノメの好産地。ネットをもつのは馬丁ら。

上）子ラクダを失って鳴く母ラクダ。中）子ラクダを解体する遊牧民。下）鳴くのをやめた母ラクダ。荷物を背負って進む。

かに異国や遠方の文化に関する情報を知ることができる。これが重要である。言葉が通じなくとも、私がフズラオとの間でおこなったように、手まねなどで意思を通ずることができよう。この情報獲得手段があったからこそ、中央アジアなどの遊牧民族がさまざまな帝国を築くことができたと考えられる。

八月六日（火） 朝食で出たパロータという揚げパンはおいしかった。ワキルハーンがラジオのお礼にと、小型のオオカミとキツネの毛皮を土産にくれた。友人が鷹《たか》を使って狩った由。村では羊毛で織るガウン（checkman？）を作っているので見学する。

八月七日（水）朝九時 アンジュマン村を出発、ワキルハーンの部下が送ってくれて湖に移動、テントを張る。竿なしで二〇センチほどのブラウントラウトを七～八匹釣り、夕食用以外は開いて干す。干物は、カーブルに戻ったら日本大使館の加藤書記官に、竿を折られてしまったことのお詫びのしるしに差し上げる。

八月八日（木） 朝食後テントをたたみ、アンジュマン峠に登頂する。一一時に到着。途中で運よく、羽化したばかりのマルコポーロの雌一頭を採集した。後方にバンダカー山がよくみえる。峠にて一時間ほど観察するが、蝶の姿なし。少し下った標高四一〇〇メートル地点に湿地があり、一面にサクラソウ（*Primera sp.*）が咲いている**［一九三頁中右の図］**。そこに地面すれすれに小さなコリアス（*Colias cocandica hindukushica*）が飛び回っているのを発見、一二雄一雌を採集した。ワイアットは、小さくてよくみえないと不平をいう。さらに少し下り、午後二時ごろ絶好の場所をみつけてキャンプを設定した（標高四〇五〇メートル）。送ってくれたアンジュマン村の馬丁たちは帰り、たしか一五日にワキルハーンが迎えにきてくれることになっていた。夕食は私が作るマスのバター焼きとトマトライス。

後日、このコリアスとしては最小の種（コカンディカ）に関する謎が浮上した。実は、コッチの記録を見ると、夫妻はケロンからアンジュマン渓谷に入り、われわれとほぼ同じ時期に同じ道をたどってアンジュマン峠を越えた。しかし、彼はこの小さなコリアスについて何も述べていない。

われわれは、往路と同じルートを逆行してダシュティリワットでキャラバンを終えて、車でカーブルに帰った。しかし、コッチ夫妻はダシュティリワットの手前から右に道をとり、標高三五五〇メートルのハワク峠を越えて、カーブルへ向かう道路に出るルートをとった。古くは、このルートのほうが普通であったらしい。そして、コッチはこのハワク峠で小さなコリアスを採集し、のちにク

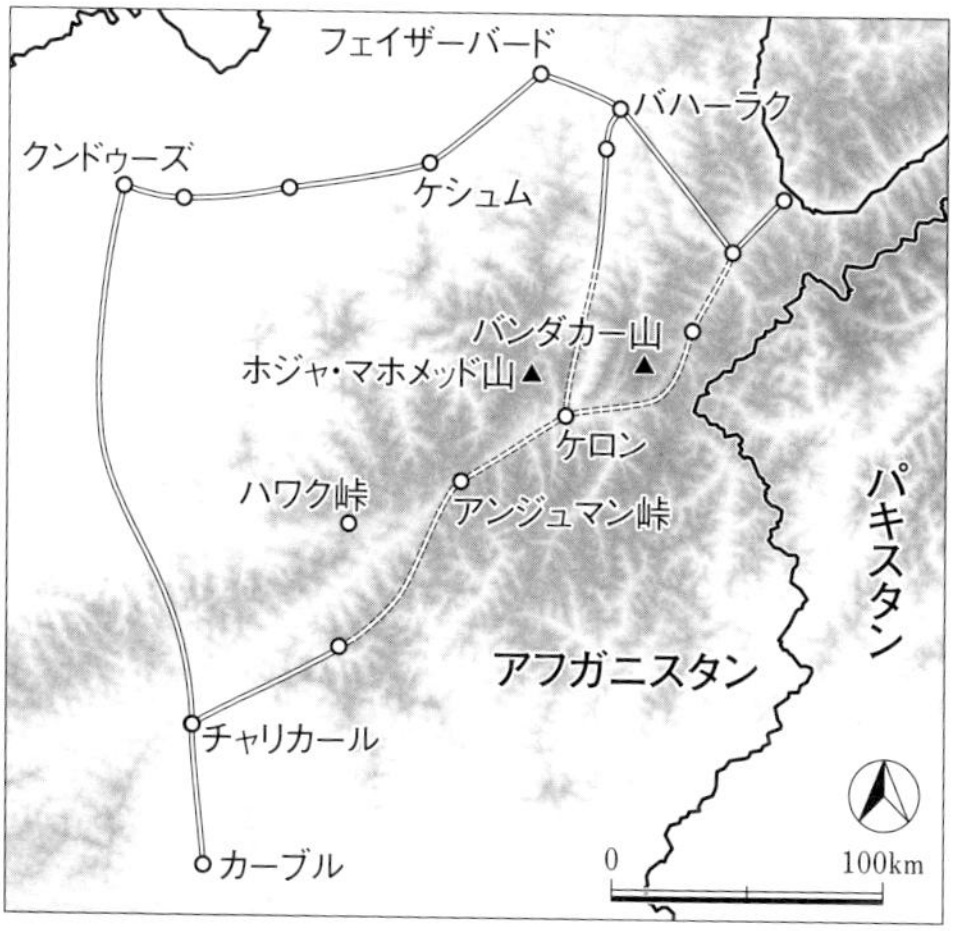

ハワク峠の位置

上）予定より早く迎えにきてくれたワキルハーンら。下）チャイハナの内部。トコジラミが多く著者も噛まれた。

上）自身のターバンと著者の帽子を交換して撮影に応じてくれたワキルハーン。下）8月16日にワキルハーンと別れ、ジープでカーブルへ向かう。

ルミニコラという新亜種（*C. c. culminicola*）として報告した。

アンジュマン峠とハワク峠はごく近くに位置するので、同じ亜種がいても不思議ではないが、コッチが記載した亜種は、われわれが採集した亜種ヒンドゥークシカと同じ、シノニムではないのか。この謎を解くために、後日、私はコッチの標本が保管されているフランクフルトの自然史博物館を訪ね、クルミニコラのタイプ標本を検査した。すると驚いたことに、コッチのクルミニコラはアンジュマン峠のヒンドゥーシカとは、小型の点は同じだが、翅形が全く異なる別物であることが判明したのである。動物地理学の常識では、同じ地域に同一種の二つの亜種がいるのは不自然で、その場合は、二つの亜種が実は別の種である可能性がある。残念ながら、われわれはハワク峠を通らなかったので、クルミニコラの正体を知ることができなかった。

八月九日（金） 風が強く、蝶を採りにくい。マーモットが何匹も、穴から出たり入ったり忙しい。珍しいケマンソウ（*Corydalis*）をみて、ワイアットは、カシミールではこれがストリックカーヌス・ウスバ（*P. stoliczkanus*）の食草で、種名は*C. crassifolia Royle*であると教えてくれた。

八月一〇日（土） 緊急事態発生。夜間にワイアットが呼吸困難を訴える。高山病の症状だが、重症ではないので様子をみる。

気温が下がり、明け方は非常に寒い。テントから外をみると、うっすらと霜が降りている。朝食後、シャーナワズに近くの集落まで行ってもらい、馬かラクダを呼び寄せて、ワイアットのために少し低い場所まで移動することにする。午後二時ごろになってやっと、シャーナワズが一人のアフガン人とラクダ一頭を連れて戻ってきた。ところが、このラクダ、なぜか牛のような声で鳴いている。話を聞くと、これは母ラクダで、理由は不明だが、子ラクダが事故で死んだので、村人（または遊牧民）が解体しているとのこと［二〇一頁中の図］。

鳴き続けるラクダに荷物を積んで、標高三八〇〇メートル地点まで下り、テントを張ったのが四時を過ぎていた。ワイアットを休ませ、私はそばで見守ることにする。子どもを失った母ラクダはわれわれのテントのそばまで来て悲痛な鳴き声をあげる。まるで、われわれが子どもを殺したと思っているかのようである。私まで胸が締め付けられるような、嫌な鳴き声である。この場所は、近くに遊牧民クーチーの黒いテントが立ち並び、こちらが丸みえなので気味が悪い。シャーナワズは真剣な表情で、この場所は、クーチーだけでなく、山越えでやってくるヌリスタン人にも警戒する必要があるという。彼は護身用に銃を所持しているが、なまじそんなものに頼るとかえって危ない。私は、あくまでも冷静に、話し合いにもち込むべき、と主張した。ワイアットも同じ意見である。

八月一一日（日） ワイアットは、標高が少し低くなったためか、ほぼ完全に回復し、今日は採集をするという。

上）いたるところで羊やロバなど遊牧民が連れる動物の大群に出会う。中）ロバを斜面側に寄せる遊牧民たち。下）ラクダに乗った老人も現れる。

上）道は動物で大渋滞。中）羊の群れを追い越すのは至難の業。下）ついにエンコしたウィリス製のジープ。

大事にならないで本当によかった。電話もない山中で万一の事態が起きることを想像すると、ぞっとする。ワイアットによれば、この付近はジャノメチョウ類の珍種の宝庫であるという。実際、日本ではお目にかかれない、中央アジアの特産種であるディグナ（*Satyrus digna*）やハイデンライヒ（*S. heydenreichi*）、それに何種類ものカラナサを多数採集することができた。

今まで私は、パルナシウスやコリアスのような派手なチョウを重点的に集めてきた。しかし今回の旅によって得られた高山性のジャノメチョウ類をじっくりみると、これらは地味だが渋く美しく、分類学上もきわめて興味深いことを知った。今回の調査で、われわれが採集したジャノメチョウ類には、少なくとも一〇種以上の新種や新亜種が含まれ、東大総合研究博物館に寄贈した「尾本コレクション」の核心部分の一つになっている。これについても、ワイアットに教えられたことが多い。長年の経験にもとづく彼の知識はたいへんなものである。スキャンダルさえなければ、もっと評価されてよい人物であったと思う。

八月一二日（月）〜一三日（火）　幸い何事もなく、休養を兼ねて、昼は蝶、夜は蛾を集中的に採集する。

一夜の夜間採集で三六〇匹もの蛾（主にシャクガとヤガ）が採集され、極端に小型の種もあるので三角紙に収納するのが夜遅くまでかかり、たいへんだった。スズメガ（*Sphingidae*）は、チョウ採集の折に大きな老熟幼虫を何匹もみたので、夜は成虫が来ると期待したが、残念ながら来なかったため種名はわからなかったが、日本蛾類学会会長の岸田泰則氏によれば、日本のイブキスズメに似ているとのことだった〔二一二頁の図〕。

八月一四日（水）朝　嘘のように突然ワキルハーンが手下四人と馬を連れて現れた。一五日に迎えにくるとの約束だったが、よくぞここがわかったなと感心する。聞けば、夜通し歩いてアンジュマン峠を越えてやってきて、われわれのテントをみつけた。遊牧民族の末裔《まつえい》でヒンドゥークシの山中を熟知している彼としては、驚くほどのことではないという。おかげで午後には、予定より早くテントをたたんで下山する。午後六時、クルペトーに到着した。幸い、登山者用のゲストハウスに泊まることができた。

八月一五日（木）朝五時　起床。夜、何かに刺されたようでかゆい。みると、刺された所に赤い斑点が二個あるのでトコジラミ（*Cimex*）と判明した。この虫は、かつて日本では南京虫と呼ばれて、映画館などでよく刺され嫌がられていた。過日、パンジャオのチャイハナでも観察したが、アフガニスタンでは普通のようである。土壁にごみのような黒い点々があるが、一つをつぶしてみると赤い汁が出る。われわれの血である。習性として、普段は壁などに止まっていて、近くに人が来ると呼気のCO_2を感知して、降りてきて吸血してから壁に戻って休むようである。日本の寄生虫学の専門家に提供するため、数匹をサンプルとして採集した。

スズメガの幼虫。カワラマツバの一種を食草とする。

七時半出発。宿代としてオイルの缶二個を置く。パンジシール川に沿って下る。一〇時ごろ、黒白模様のジャノメチョウの群生地をみつけた。ワイアットによればハイデンライヒで、相当な珍種とのこと。三〇頭ほど採集した。後は、ただ馬に揺られてゆくのみ、午後六時に目的地ダシュティリワットに着いた。一〇時間近く馬に乗っていたわけで、お尻が痛い。ワキルハーンの部下数名は、交替で馬をひいて五〇キロも歩いたことになる。驚くべき脚力である。

八月一六日（金） ワキルハーンに改めて感謝の意を伝え、馬丁への謝礼と馬の賃貸料にみあう金額を払う。

これは受け取ってもらえた。また、バラクラン上部などで着ていた私の防寒用の下着が余っていたが、日本製で品質はよいので、希望があれば提供するというと、馬丁たちが喜んでもっていった。

ここからは自動車の通れる道路があるので、時代物のジープをレンタルする［二〇九頁下の図］。

しかし、故障の連続で遅れに遅れ、午後三時ごろようやくカーブルに帰着、またもやインターナショナル・クラブに宿泊することになった。約一カ月のヒンドゥークシ探査行で心身ともに疲れはて、風呂に入ってさっぱりする。久しぶりに鏡を見て、わが髭面にぞっとする。感謝のしるしにシャーナワズを夕食に招待し、ワイアットとともに採集した蝶の中から一通りの種類の三角紙標本をカーブル大学のために提供した。

第五章　アウトクラトール探査行を終えて

1　カーブル博物館

一九六三年八月中旬、ほぼ一カ月にわたるバダフシャーン地方への採集旅行からカーブルに戻り、休養をかねてアフガニスタンの文化面について少しばかり勉強した。まず見学したのが、先のカーブル訪問時（第三章参照）には時間的余裕がなくて行かれなかった、国立アフガニスタン博物館（National Museum of Afghanistan、通称カーブル博物館）である。この国には、シルクロードの十字路の名にふさわしく、ギリシャ・ローマ文明、インドの仏教文明、ペルシャ、中央アジア、中国などの東西文明の遺物と交易の跡が豊富に発見され、考古学の分野でも世界的に研究者の注目を集めている。

しかし、文化財の保護や研究という観点からみれば問題が多い。特に、アフガニスタンには、

上）カーブル博物館展示のヌリスタン人の木製人物像。下）カーブル博物館の外観。

右）ヌリスタンの木製人物像。左）象牙細工のヤクシー立像。

埋蔵文化財の膨大な量にみあうだけの研究者が圧倒的に少ないという事情がある。そのため、外国諸国の考古学者によって発掘された資料の整理・保管をおこなう施設が絶対的に不足していて、国外に貸し出した貴重な資料が戻ってきたとしても、それらを受け入れるのがほとんど上記カーブル博物館だけであった。

また、国教であるイスラム教の排他主義的思想の問題がある。文化の多様性を認めず、イスラム化以前にアフガニスタンで花開いた文明、たとえば仏教美術に対しても、異教徒の偶像崇拝の型どおりのレッテルを貼って、冷遇どころか破壊さえおこなうことがある。このような雰囲気のもとでは、博物館などでの文化財の保管や研究は困難を極める。さらに残念なことに、埋蔵文化財の盗掘や売買が横行していると聞く。一九六三年に私が訪問したとき、カーブル博物館はこの逆風に耐えて、少数だが熱心なスタッフによって立派に運営されていたと思う。

私は考古学や美術に関しては素人同然で、単なる一人の観光客として、ガラス棚の中の陳列品を覗いたにすぎず、スタッフに質問する能力もなかった。しかし、展示品のほとんどは初めて目にする独特なもので、文明の十字路といわれるアフガニスタンの芸術を象徴するような逸品であった。いくつか特に印象に残った展示品を遺跡別に示せば次のとおりである（名称、時期、出土地は土本典昭編『アフガニスタンの秘宝たち　カーブル国立博物館1988』による）。

1　アミュンタス王胸像（銀貨）　前一二〇年ごろ　ヒシュト・タバ出土

第一印象では、ヘルメットをかぶる現代人探検家を思わせるが、驚くなかれ、実は紀元前一二〇年ごろの銀貨とのこと。しかも、重さ八四グラムという、みたこともない大きさである。ヒシュト・タバ遺跡は現クンドゥーズの北方、アムダリア河に沿ったタジキスタンとの国境付近にある。

2　キュベーレ女神行進図（メッキ銀板）　前三〜前二世紀　アイハヌーム出土
アイハヌーム遺跡はアフガニスタン北東部のタジキスタンとの国境付近にある。キュベーレは小アジアの豊穣多産の大母神。獅子が曳く黄金の戦車に乗り祭壇に向かう。

3　クシャン王立像（石灰岩）　二世紀　スルフ・コタル出土
博物館に入るとまず目に入るのが、この下半身の立像である（高さ一・三メートル）。仏教王国クシャンで最も名高いカニシュカ王の像と推定されるが、上半身は失われている。スルフ・コタル遺跡は、現クンドゥーズの南方で、前三三〇年ごろアレキサンドロス大王によって征服されたバクトリア地方にあった。その後、前二〇〇〜前一六〇年ごろグレコ・バクトリア王国として栄えた。

4　ヤクシー立像（薬叉女、象牙製）　一〜二世紀　ベグラム出土〔二一七頁左の図〕

カーブル博物館展示の菩薩像（塑像）

上）休日にカーブルで催された団体競技会。競技の前の前座。中）下）ブズカシの開始前に整列する人びと。

実に不思議な、インドで一世紀ごろに作られた象牙細工の女性像である。ヤクシー（薬叉女）は、古代インドの精霊信仰で人を食う恐ろしい存在だが、同時に豊穣多産を象徴とする森の女神。日本の鬼子母神のルーツでもある。ベグラムは現カーブルの北にあったクシャン王族の夏の避暑地で、これらの像は仏教神殿跡から出土した。

5　エナメル絵付ガラス杯　一～二世紀　ベグラム出土
ギリシャ神話に題材を取り、上段にトロイヤ戦役のヘクトールとアキレスの戦闘場面、下段には魚群、小船、投網をする男たちが描かれている。

6　ヘラクレス・セラピス神像（青銅）　一～二世紀　ベグラム出土
ヘラクレスとエジプト、アレキサンドリアの冥界の神セラピスとが習合する珍しい作例。ナイル河の豊穣を象徴するオリーヴの葉冠をかぶる。

7　カーシャパ三兄弟の仏礼拝図（片岩製）　三～四世紀　ショトラック出土
カーシャパ（迦葉）三兄弟は、釈尊の弟子で火の行事を司っていた。カーブルの北、ベグラムの南にあるショトラック遺跡より出土した、片岩の彫刻。

8　菩薩《ぼさつ》坐像（塑像）四世紀　テペ・マランジャーン出土［二二〇頁の図］
粘土で作られた祖型に漆喰を上塗りし彩色された菩薩像。カーブルの東にあるテペ・マランジャーン遺跡から出土した。穏やかな表情の名品である。

9　仏立像（ストゥッコ）三〜四世紀　ハッダ出土
ハッダ遺跡はカーブルの東方、ジャララバードに近い有名な遺跡。ストゥッコは化粧した漆喰細工のこと。

10　女性頭部（ストゥッコ）三〜五世紀　ハッダ出土
女性の優雅さと深い精神性が表現された、ハッダ遺跡を代表する名品。

11　菩薩像（彩色塑像）七〜八世紀　フォンドキスタン出土
破損が少なく、彩色もよく保存されている。フォンドキスタン遺跡は、バーミヤーンの北東にある。アフガニスタン仏教美術の最終期にあたる爛熟《らんじゅく》した作品が出土している。

12　木製人物像　現代　ヌリスタン［二一六頁上の図］
カーブル博物館には、ヌリスタン人の木製造形品が数点陳列されていた。馬上の人物像は有名

上）木片を地面に固定して競技の準備をする。中）先端がとがった棒をもつ騎士。下）狙いを定めて馬を走らせる。

上）地面の木片を突き刺す。下）突き刺した木片を掲げる。

である。これは、アフガニスタンでは珍しく森林が存在するこの地域の特産物であり、世界的にも特異な民俗文化財である。しかし、ヌリスタン人はイスラム化が遅れたため異教徒として迫害され、これらの文化遺物も廃棄される傾向にあることはまことに残念であり、文化の多様性を認めない宗教に憤りを感ずる。

2　アフガン人の団体競技

カーブル恒例の団体競技会が開催されるというので、競技場に行ってみた。まず、アフガニスタンを代表する馬上競技の「ブズカシ」(buzkashi)をみた。ペルシャ語のbuzは山羊、kashiは「引く」という意味である。元は生きた山羊を使ったが、現在は頭と四肢を切り取られた山羊の胴体を、あたかもラグビーのボールのように投げてパスしたり、無理矢理に奪い合ったりしながら、先にサークルに投げ入れたほうが勝ち、という荒々しい競技である。観客席と競技場の間に仕切りがないので、時に眼前すれすれに馬上の競技者が通ると身の危険を感ずるほどの迫力であった。

観客は歓声を上げて応援していたが、私にはこれがスポーツなのか疑問に思えた。これまで何度となくみた、多くのアフガン人の動物に対する残酷性の象徴とも感じられた。よく知られているように、動物虐待と批判を受ける競技の代表はスペインの闘牛である。こちらは、牛と人間の一騎打ちが売り物で、元来はローマ文明などでおこなわれたライオンなどの野生動物と人間の闘争が娯楽化されたものであろう。一方、ブズカシも、本来は生きた動物を扱ったといわれ、現代では死体を扱うからといって、免罪されるとは思えない。おそらく、その起源は中央アジア（ペルシャなど）の遊牧民の牧畜と戦争という文化が儀式化されたものであろう。しかし、農耕民や漁労民、さらに都市居住者にとっては、残虐性のイメージから免れることはできず、動物愛護の精神に背くものである。いずれにせよ、私は二度とこの競技をみたいとは思わない。

いまひとつの競技は、馬上の人間が、T字状の先端をもつスティックで球を打ちあう「ポロ」である。こちらは、ブズカシとは違い、無機物の球を打ちあうゲームなので抵抗感が少なく、英国を中心として国際的にも競技人口が多い。ポロというと、ゴルフなどと同様に英国人が発明したスポーツかと思い、ワイアットに聞いてみた。すると彼は、そうではない、ポロはもともとインドの馬上競技で、植民地時代に英国人が詳しいルールなどを考えてわが物にしたのだ、という。後日調べてみたところ、ポロは世界で最も古い歴史のある競技の一つで、その起源は紀元前六世紀、ペルシャの「チョウガン」(chougan)という競技にさかのぼり、それは上述のブズカシに似ていたという。

おそらくポロも、もとをただせばブズカシ同様に中央アジア（ペルシャなど）の起源の、遊牧民の牧畜と戦争が儀礼化された競技ではなかったか。また、ポロの場合には、無機的な球を用いるために遊牧民以外の民族にも取り込まれ、インド、中国、日本などに拡がったのであろう。日本では、奈良時代に中国より伝来した「打毬《だきゅう》」が宮内庁伝承の古式馬術として知られる。この場

上）カーブル近郊のパグマン地区。次第に岩だらけの山道になっていく。下）遊牧民（クーチー）の黒いテント。

上）嘆きの都「シャーリ・ゴルゴラ」。下）遺跡の表面には著者が訪れた際もいまだ白骨破片が散乱していた。

合、球を打つのではなく、スティックの先についた網で掬《すく》って運ぶ。

ところで、広場ではポロなるものが一向に始まらない。だいぶ時間がたってから、一人の騎士が長いスティックをもって広場の中央に進み出た。それから彼が演じたのは、どうみてもポロとは全く違う所作であったので、不思議に思い写真に収めた。当日は何もアナウンスがなく、ゲームの練習が始まったのかと思い競技場を後にした。しかし後日、私は自分が撮影した五枚ほどの写真をみて大いに驚かされたのである。それは、やはりなんらかの馬上競技の練習であったろう。しかし、写真に写っていたのは、明らかにポロとは似ても似つかない馬上競技の姿であった。

ポロとは違うと考える理由の第一は、演者は単一名の騎士で、ポロのような複数の騎士による対抗戦ではないことである。第二に、スティックの先端が槍のように尖っていて、球を打つためのT字型、または球を掬うための網状ではない。第三に、馬上の騎士が走りながら、長いスティックの先端で木片を突き刺す姿を捉えた写真があったことである。要するに、この未知のゲームでは、高速で走る馬上の騎士が、槍状のスティックで地面に置かれた木片を突き刺して高く振り上げ、成功か不成功かを競う、一種の馬上競技である。現代の英国式のポロとは全く別の馬上競技である可能性が高いが、アフガニスタンにこのような競技があるとは知らなかった。

実は、日本人なら思い当たるものがある。それは、わが国の流鏑馬《やぶさめ》である。周知のように、これはわが国固有の馬術競技であるとされ、高速で走る馬上から弓で矢を放ち、路傍の木の板を貫通すれば成功とするものである。しかし、カーブルでみた馬上競技と流鏑馬との類似性が単なる偶然とは思えない。もしかしたら、両者は共通の起源をもつ馬上競技であり、流鏑馬も打毬や蹴《け》鞠《まり》同様に、中央アジアの騎馬民族のゲームに淵源をもつとの仮説を考えてみるのはいかがであろうか。

3　ふたたびパグマン地区へ

八月二〇日（火）〜二二日（木）

アフガニスタンからは、一九六三年の時点で、少なくとも次の九種類のパルナシウスが記録されていた（研究によっては、今後この数は増えると予想される）。アウトクラトール、カルトニウス、イノピナトゥス、ムネモジーネ（*P. mnemosyne*）、デルフィウス、ジャケモンティ、テンシャニクス（*P. tianshanicus*）、ホンラティ、アクティウス（*P. actius*）。今回の調査で、われわれがまだ採集していないのは、カルトニウスとテンシャニクスだけであった。前者は、系統的にアウトクラトールに近い種だが、やはり産地は標高四〇〇〇メートル近くで非常に局所的である。ワイアットによれば、カーブルの近郊ではパグマン村の奥地にあるタハティ・トゥルコマン山（標高四六九九メートル）付近からフォイクティと名づけられた亜種（*P. charltonius voigti*）が記録されている。この山は、カーブル市内からよく見える高山で、六月にパグマン村を訪れたときに会ったハザーラ人の少年が氷を得ていた場所である。ぜひ、ここに行ってカルトニウスの亜種フォイクティを採集したいということになり、ワイアットと二人で、二泊三日の予定でふたたびパグマン

上）バーミヤーンへ向かう途中の村にあった倉庫。このような建物によく出くわす。中）上からみるとこのように天井がなく、塀のみ。下）牛を使った脱穀。

上）バーミヤーン渓谷遠景。下）高さ35メートルの東大仏。周囲にびっしりと仏龕が並ぶ。

村に向かった。

第一日目は山麓にキャンプし、村の老人を呼んで手まねを交えていろいろ聞いた。すると、この山は、頂上に行くのは雪があるので無理だが、コタンダール峠（Kotar Kotandar）までなら行ける、明日、案内するというので頼むことにした。翌朝、昨日の老人が一人の男とラバ（ウマとロバの交雑種）を連れてきた。目つきの鋭い男は銃をもっているが、そんなものが必要なのだろうか。近くには遊牧民クーチーの黒いテントがあり、トラブルになったら困る。しかし、しきりにごちゃごちゃいうが何のことかわからない。ワイアットは、たぶん鳥か動物がいたら狩るつもりなのだろうと、落ち着いている。

パグマン川の最上流部から岩だらけの山道になる。ラバの後ろ脚にシマウマのような縞があることに気づく。これはなぜか、などと考えながら歩く。しばらく行くと、ガレ場をよじ登るような急坂になったので、ラバを老人に預けて銃をもった男と登る。ふとみると、ワイアットが少し遅れ気味である。先に、帰途のアンジュマン峠越えで体調を崩してから、完全に回復していないように思える。私のほうは、バラクランでの連日の山歩きで鍛錬されたのか、自分でも驚くほどスイスイと登る。下のほうをみると、例の男が銃をもってついてくる。

ふと、私の脳裏に一つの妄想が生まれた。あの男は私を狙っている。銃をもっているのは、そのためだ。私を撃ってどうするつもりだ？　金をもっていると勘違いされたか。あの爺さんはグルだったのか。親切そうだったのは、嘘か。とっさに私は岩陰に隠れた。軽い高山病のための妄想であることはわかっていた。しかし、一〇〇パーセント妄想だといい切れるか。意外に長い時間がたったように思われたが、不意にあの男が現れて水筒の水を差し出したとき、私は完全に覚めた。

まもなく、峠についた。高度計では標高三八〇〇メートルである。麓でも標高三〇〇〇メートルを超えていたので大した登りではなかった。付近を探すと、すぐにカルトニウスがみつかった。地面すれすれに、比較的ゆっくり飛ぶので採集はやさしい。少し時期が遅かったようで、六雄・五雌を得た。雌にはスフラギス（交尾囊）のついたものもあった。ほかには、ここの特産種コタンダーリ・カラナサジャノメ（*Karanasa kotandari*）およびフォイクティ・カラナサジャノメやパグマン・パラサ・ジャノメ（*Paralasa paghmani*）などのジャノメチョウ科の珍種が得られた。前にも述べたが、アフガニスタンは高山性のジャノメチョウ類の宝庫である。過日、アウトクラトールの産地バラクランで見慣れないジャノメチョウの一種を採集したが、後日なんと新種と判明し、ヒンドゥークシ・ウラジャノメ（*Pararge hindukushica*）と命名した。

西大仏近景（1963年）。

西大仏の頭頂部。顔面の上半部が切り取られている（1963年）。

4　シルクロードの要衝バーミヤーンへ

嘆きの都――シャーリ・ゴルゴラ

一九六三年八月二六日（月）　日本大使館の紹介でジープを運転手つきでレンタルし、カーブルから二三〇キロのバーミヤーンを訪問。

ここは、一～三世紀ごろにクシャン朝の仏教王国の中心として繁栄した地で、二体の摩崖大仏や多数の石窟、グレコ・バクトリア様式の仏教美術で知られる。また、唐の玄奘三蔵は仏教の真諦《しんたい》を求めて天竺（インド）をめざした途上、六三〇年より半月ほどバーミヤーンに滞在したことが『大唐西域記』に記されている。

バーミヤーンに着くとホテルからも、前方には延々と連なる切り立った崖に摩崖大仏や多数の石窟が認められ、後方には、赤っぽい土の住居址が小山のように積み重なった廃墟がみえる。これが、チンギス・ハーンに破壊されたバーミヤーン都城の名残で、その悲惨な最後を記憶するためにシャーリ・ゴルゴラ（Shar-i Gholghola　嘆きの都または亡霊の都）と呼ばれている。一二二一年、チンギス・ハーンの部隊がバーミヤーン盆地に到達したが、城塞は固い防備に守られ、容易に陥落しなかった。たまたまこの間に、チンギスの最愛の孫モアトガンが傷を受けて戦死した。チンギスは激怒し、「人間も動物も、生きとし生けるものはことごとく屠《ほふ》りつくせ。捕虜にするなかれ。胎内の子をも容赦するなかれ。城中に生命あるものを残すべからず」と厳命したと伝えられる（岩村忍『アフガニスタン紀行』）。その結果として、全ての命が失われ、鳥も飛ばないといわれた廃墟だけが残された。私は実際にこの廃墟の中をみてまわったが、足元に散らばる陶器の砕片に交じる多数の白い小片が人骨に違いないことはすぐにわかった。

破壊前の摩崖大仏

ついで、バーミヤーンの仏教遺跡を象徴する二体の大仏を間近にみることができた。高さ五五メートルの西大仏と三八メートルの東大仏で、断崖に彫り込まれた巨大な摩崖仏である。第一印象では、大きさに驚くとともに、荘厳でバランスが取れた美しい造形と感じた。後述のとおり、顔面部の上半分が切り取られているのが痛々しい。作られたのは、仏教王国クシャン朝の最盛期（一〜三世紀）よりかなり遅れて六世紀中期ないし後半といわれる。少し遅れて七世紀六三〇年ごろにバーミヤーンを訪問・滞在した唐の仏僧、玄奘三蔵は、「大仏が金色に輝いて宝飾が美しかった」と記録している。大量の金箔が貼られていたのであろうか。いずれにせよ、そのころ、大仏はまだ比較的新しい状態であった。なお、『大唐西域記』などの記録には、顔面部の傷について述べられていないように思う。

私は、西大仏の背後にある狭い通路を通って、無礼にも大仏の頭上に登ることができた。龕《がん》頂《ちょう》の周囲の壁には、おそらくガンダーラ様式のさまざまな彩色壁画の断片が残っていたので、そ

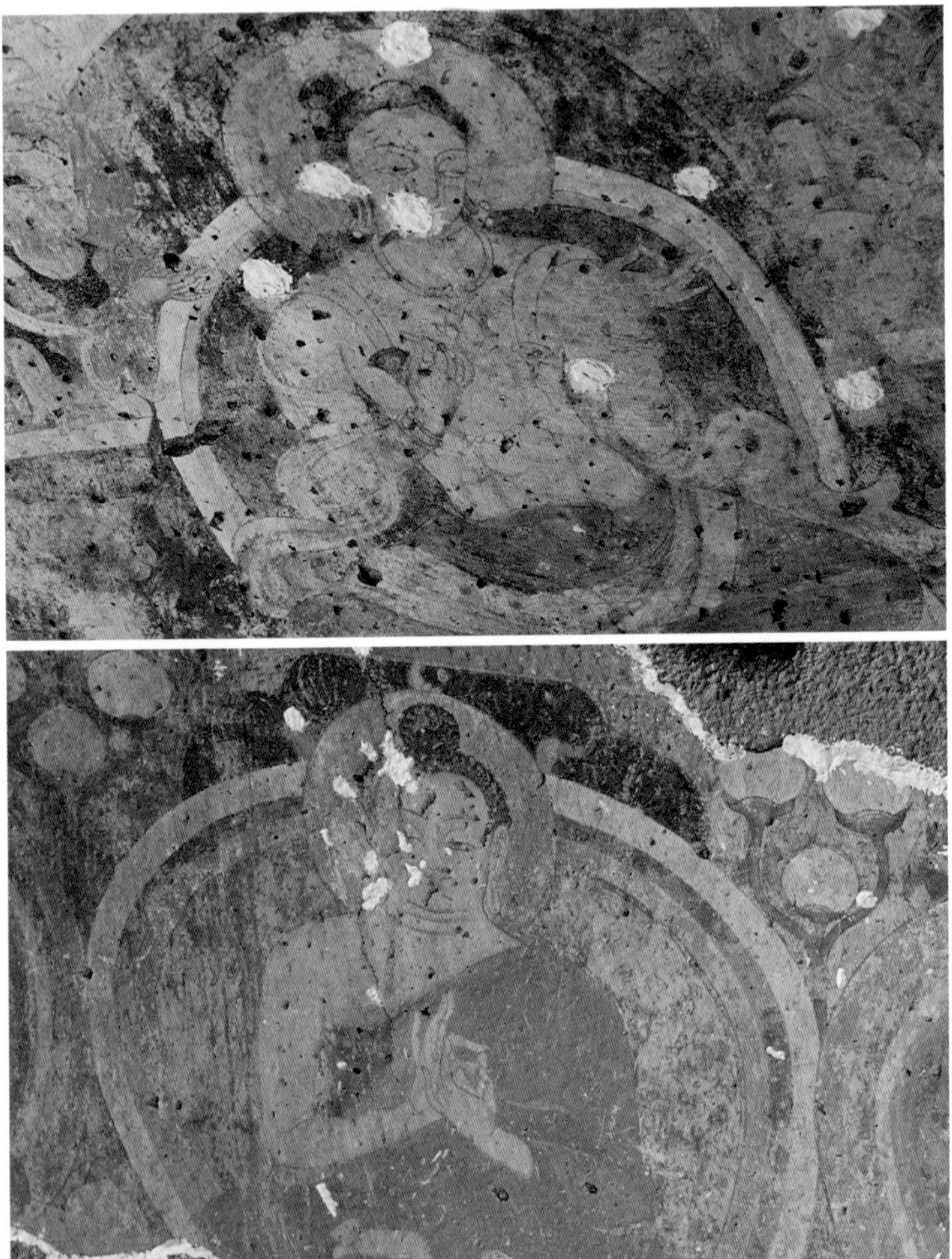

上）下）西大仏の頭部周辺の壁画（1963年）。

上）西大仏の頭部周辺の壁画（1963年）。下）西大仏の頭頂部からバーミヤーンの農村をみる。

こからみわたせるバーミヤーン渓谷の眺めとともに写真に収めた。今になっては、これらの写真は、きわめて重要な記録となった。

実は、二〇〇一年のイスラム過激派タリバンによる壊滅的爆破よりはるか以前に、これらの大仏は少なくとも二度にわたり大きな傷を受けていた。一回目の破壊は、西大仏の顔面上半分を削り取るという形でおこなわれた。それがいつ、いかなる集団によってなされたのかは、わかっていないようである。玄奘が記録した七世紀前半には、そのような傷はなかったと考えられる。私はこの顔面部の傷跡に特別の興味と違和感を覚え、夢中で写真を撮った。

仏像の破壊は、偶像崇拝を排すとのアラーの教えに厳密に従う一部のイスラム教徒の所為と考えるのが一般的であろう。元来、イラン系アーリアンのゾロアスター教や、インド系アーリアンの仏教が主な宗教であったアフガニスタンのイスラム化は、七世紀中ごろにササーン朝ペルシャ軍を破ったアラブ人の侵入によって始まったとされる。西部地域のヘラートやバルフが占領されたのが六五〇年ごろといわれるが、これは偶然にも玄奘のバーミヤーン訪問とほぼ同時期である。その後、九世紀になるとイスラム教徒の軍隊はガズニやカーブルといった中枢の地に達した。この一派のヤクブ（ヤアクーブ）という男の率いる軍隊が、八七〇年ごろバーミヤーンを占領し、「大きな仏教寺院を破壊し、寺院から略奪された仏像もまたバグダードへ送られた」との記録があるという（フォーヘルサング『アフガニスタンの歴史と文化』による）。では、この連中こそ、偶像崇拝を排すとのイスラム原理主義の先兵として、大仏の顔を切り取ったのであろうか。

第二の犯行は、一六四七年にムガール朝のアウラングゼーブ帝か、もしくは、一七三〇年代にトルコ系の侵入者ナーディル・シャーの部隊かが西大仏めがけて大砲を撃ち込み、そのため大仏の両足が醜く破損された。

私は、西大仏の頭部の写真を撮っているとき、顔面の上半分が整然と切り取られていることに違和感を覚えた。直感的に、イスラム過激派や反仏教徒の憎しみによる破壊の跡としては、おかしいと思った。もし悪意ある破壊者の犯行なら、形にとらわれない破壊となるはずである。

この疑問を抱いたまま、私はドイツ留学を終えて、翌一九六四年に日本に帰国した。そして、アフガニスタンの歴史や民族に関する幾多の書物を読み、一九六三年のバーミヤーン訪問時に私が抱いた違和感についてあらためて考えてみた。

前述のとおり、バーミヤーンの大仏、特に西大仏の顔面の上半部は、たぶん金属器などによって、整然と切り取られたようにみえる。もしイスラム教過激派のように破壊そのものを目的とするなら、このように顔面だけに集中して、入念かつ高い技術を必要とする作業をおこなう必要があったとは考えにくい。単に石斧などで叩き壊す、または、二〇〇一年の完全破壊ほどの規模でなくとも、爆発物による破壊がおこなわれてもおかしくない。

爆薬を用いる兵器は、元寇の乱の例がある一三世紀には使用されていたので、チンギス・ハーンによるバーミヤーン侵略（一二二一年）の際には用いられた可能性がある。しかし、火薬が発明された中国でも、一一世紀の宋代に初めて戦争に応用されたといわれるので、ヤクブのイスラ

上）バンディ・アミール付近の景観。下）砂漠に忽然と姿を現す、水の豊かなバンディ・アミール湖。

上）バンディ・アミール湖。バーミヤーン奥の観光地。下）湖の水中植物。ハヤのような魚もいる。

ム兵によるバーミヤーン略奪があった九世紀にはまだ使用されていなかったかもしれない。

いずれにせよ、大仏が受けた顔面の傷は、外敵による破壊目的によるとの解釈には問題があると考えざるをえない。むしろこの傷は、熱心な仏教徒や地元民のハザーラ人など、大仏を守る側の集団によって、意図的になされた加工の跡ではなかろうか。クシャン王国の全盛期に比べると、九世紀のころ仏教は衰退し、かつては僧侶が利用した数千もの仏龕には難民が住みついていたという。シルクロードの十字路などといわれるバーミヤーンであるが、その富を狙って四方からやってくる遊牧民や異教徒の軍隊による破壊や略奪によって、庶民の命は塵のように失われていたに違いない。アフガニスタンの歴史をみるかぎり、「血塗られたシルクロード」のイメージがふさわしい。

しかし、仮に九世紀ごろのバーミヤーンで仏教が凋落《ちょうらく》していたとしても、仏教文化およびその象徴としての大仏を守る熱心な僧侶や仏教徒の心まで失われたとは思えない。証拠は何もないが、仮に大仏を擬人化して、仏陀の想いはいかなるものかを慮《おもんぱか》る学者や指導的政治家の集団があったと考えれば、どうであろうか。おそらく仏陀は、仏教の退廃や途切れることのない異民族の侵略と破壊、さらにイスラム教徒同士なのにスンニ派の迫害にあえぐシーア派の地元民ハザーラなどの悲惨な問題を抱えたバーミヤーンの状況を深く悲しみ、この状況に対抗するためには、わが身をもって「慈悲と自己犠牲」の心を表現し、外部に伝えたいと思われたのではないか。仏教には、イスラム教と異なり、故事にいう「わが身を虎に与える」という自己犠牲（献身的、利他的）

の精神が顕著である。このため、仏陀は、自分にとって表現上最も大事な、顔面の目や鼻の部分を切除するよう願われたのではなかろうか。

バーミヤーンはハザーラジャート（ハザーラ人の土地）の中心であり、ハザーラ人は東西二体の大仏を「お父さん」と「お母さん」との愛称で呼んでいた上、一九九〇年代以降の内戦の際は大仏のある崖の上に機関銃を据えて、支配をもくろむタリバンなどの攻撃に抵抗したという（高木徹『大仏破壊』）。

アフガニスタンのタリバンは、一九九四年ごろから反体制活動を激化させてきたパシュトゥーン人の過激派である。イスラム教スンニ派に属する原理主義者で、シーア派のハザーラ人を目の敵にして差別・迫害してきた。問題の九世紀ごろ、むろんタリバンはまだ存在していなかったが、パシュトゥーン人による迫害やたび重なる飢饉がハザーラ人の発展を妨げたろう。なお、二〇〇一年の大仏爆破は、オサマ・ビンラディンの関与のもとにタリバンの兵士がおこなったが、その際、ハザーラ人を強制的にこき使ったことははなはだしく悪質な行為だ（高木徹、前掲書）。

今まで、バーミヤーンおよび大仏について書かれた多くの書物に当たってみたが、前述のとおり九世紀ごろに生じたであろう大仏の顔面創に関する、私の個人的・直感的な仮説を支持する意見はみあたらなかった（岩村忍、前田耕作、高木徹、マーティン・ユアンズ、ウィレム・フォーヘルサング、サイエド・アスカル・ムーサヴィーなど）。やはりこれは、私の幻想にすぎないのであろうか。

バーミヤーンで出会ったハザーラ人の少年。

上）ハザーラ人の少年ら。仕事に従事。中）ハザーラ人ではないアフガンの子ども。裕福な身なりで楽しそうに笑う。下）車窓からみたロバで移動する女性たちに付き従うハザーラ人の少年（左の二人）。

しかし、大仏の擬人化に関しては、私とやや似た考えの人がいることに気づいた。それは、イランの著名な映画監督でアフガニスタンのタリバンなどの問題に詳しい、モフセン・マフマルバフ（Mohsen Makhmalbaf）という人で、二〇〇一年の最終的爆破の直後に『アフガニスタンの仏像は破壊されたのではない　恥辱のあまり崩れ落ちたのだ』という著書を上梓された。要点を引用してみよう（武井みゆき・渡部良子訳、現代企画室、二〇〇一、一〇六～一〇七ページ）。

さて、ここに約二〇〇〇万人の飢えた国民がいる。そのうち三〇％は飢餓と政情不安のために難民となり、一〇％は死に、あるいは殺され、残りの六〇％は餓死寸前の状況にある。（中略）もし今、アフガニスタンに入国すれば、人びとが街角に倒れたまま放置され、死にかけているのを目にするだろう。飢えで動く体力もなく、戦うための武器も持たず、あの過酷な刑罰を怖れて犯罪を犯す勇気も残っていない。唯一の救済案は、そのままそこで死ぬことだ。それは、世界を覆いつくしたこの人類の無関心の中で起こっている。私たちの時代は、「人類は互いが互いの一部」であったサアディー(2)の時代ではない。

まだ心が石になっていなかった唯一の人は、あのバーミヤーンの仏像だった。あれほどの威厳を持ちながら、この悲劇の壮絶さに自分の身の卑少さを感じ、恥じて崩れ落ちたのだ。仏陀の清貧と安寧の哲学は、パンを求める国民の前に恥じ入り、力つき、砕け散った。仏陀は世界に、このすべての貧困、無知、抑圧、大量死を伝えるために崩れ落ちた。しかし、怠惰な人類は、仏像が崩れたということしか耳に入らない。こんな中国の諺がある。「あなたが月を指差せば、愚か者はその指を見ている」。

絶景のバンディ・アミール湖

バーミヤーンの西方には、草木が全く生えない砂漠が広がっている。そこを車で走っていると突然、「青い湖」と呼ばれる一連の湖が現れる。バンディ・アミール（Band-e Amir）湖である【二四五頁上の図】。白い砂漠の中の青い湖は、人間の歴史とは無関係な観光名所である。畔《ほとり》に立って水を眺めると、きわめて透明度が高く深い湖底までみえる。よくみると水面近くを泳ぐ五～一〇センチの小さな魚を認めた。マスの類ではない。水中に藻のような植物（？）が生えているので、それが餌になっているのかもしれない。実は、六年後の一九六九年にここを訪れた日本人が、「背骨が曲がった奇形魚」を数匹釣ったという記録がある（平位剛『禁断のアフガーニスターン・パミール紀行』）。何が起きたのか、不思議なことである。

すでに夕方になったので、カーブルへの帰途を急ぐ。やがて日が落ちると、風よけのないジープの中は、急に寒くなってきた。街路灯のない、真っ暗な道路を突っ走る車の中で、皆、声もなく寒さに耐えた。前方にみえるのは、ヘッドライトの光を反射して光る野獣の眼の鏡板（タペタム）だけである。こんなところで事故でもあったらたいへんである。しかし夜九時ごろだったか、無事カーブルに帰り着き、一同ホッとした。

5　ハザーラ人およびアフガニスタンの人種・民族

カーブルの西方、バーミヤーンを中心とするアフガニスタンの中央部をハザーラジャート（Hazarajat）と呼ぶことは前にも述べた。これは、ハザーラ人の地域という意味であるが、最近の地図（例：Freytag & Berndt, Roadmap of Afghanistan 1:1100000）にはなぜかこの地名が載っていない。まさか、これは、ハザーラ人に対する公的差別の表れであるとは思いたくない。アフガニスタンは多民族国家で、一九六〇年代の民族は人口比率の多い順に、①パシュトゥーン（四〇～六〇パーセント）、②タジーク（二〇パーセント）、③ハザーラ（一五パーセント）、④ウズベク（Uzbek　七パーセント）、⑤トゥルクメン、⑥バルティ、⑦ヌリスタン、⑧キルギスィ、⑨その他（⑤～⑨の合計　八パーセント）、となっていた（平井剛、前掲書）。

最大人口を擁するパシュトゥーン人はイラン系アーリアン（人種的には、いわゆる白人）の遊牧民の出自で、アフガニスタン国家の政治、経済、国際問題などを代表する立場にあるため、アフガン人と同義に考えられることが多い。中には、パシュトゥーン人の優越感にもとづく「アフガン民族主義」（パシュトゥーニスターン問題）が標榜されることがある。しかし、日本人を東京人で代表することができないように、それは問題であるだけでなく、部族国家を脱しアフガニスタン国民としてのアイデンティティの成熟にとっての妨げとなっている。

人類学者としての私が興味をもっているのは、ハザーラ人とヌリスタン人である。これらは、

バーミヤーンの遊牧民クーチーの黒いテント。バーミヤーン南方のシャーフラディ山が遠くにみえる。

アフガニスタンで独特の文化をもち、起源が謎の少数民族である。私は一九六三年の同国訪問時にヌリスタンには行けなかったので、前述のようにカーブル博物館で独特の木造文化財をみるにとどまった。一九六三年のわれわれの旅では、次の三民族に属する人たちと親しく付き合った。シャーナワズ君はパシュトゥーン人、ワキルハーン氏はタジーク人である。そしてパグマン村で会った氷運びの少年などがハザーラ人であった。

アフガニスタンを訪れる外国人は、カーブルやバーミヤーンなどで、多数のアーリアン系住民に混じって、東アジア人（いわゆるモンゴロイド）の容貌をもつ住人がいることに気づく。またこの人びとが荷物運びや道路掃除、走り使いや下働きなど、社会的地位が低いとみなされる職業に従事しているのをみるが、その歴史的背景についてはほとんど詮索しない。

ここで、二〇五頁上の図をご覧いただきたい。これをアフガニスタン人やこの国の旅行者にみせれば、誰もが「ハザーラ人とアフガン人ですね」というに違いない。実はこの写真はバダフシャーンのアンジュマン村で、村長ワキルハーンと仲良くなった私が、彼と被り物を取り替えて撮った写真である。つまり、向かって右の「俄《にわ》かハザーラ人」は私であるというお粗末であった。なおワキルハーンはタジーク人だが、この民族はパシュトゥーン人よりも古いアフガニスタンの住民であり、ハザーラ人を特に迫害したりはしないようにみうけられた。しかし、仮に彼がカーブルのパシュトゥーン人だったら、私の行為は親しさゆえのユーモアでは済まされず、彼らの尊厳に傷をつけたとして私は袋叩きになるところであった。

従来から、ハザーラ人は他のアフガニスタン人、パシュトゥーン人から差別されてきたが、主にその原因は、他のアフガン人、特に、多数派であるパシュトゥーン人がイスラム教スンニ派なのに、ハザーラ人の宗教がシーア派であることによる。殊にパシュトゥーン人は、宗教や人種の相違を理由にハザーラ人をみくだして、社会の最下層に追いやった張本人である。一方ハザーラ人は、自分たちを搾取し抑圧する者として、パシュトゥーン人を嫌い、怖れている。スンニ派かシーア派かという文化的対立は、世界中でイスラム教に特有の人権問題を生んでいるが、この宗教には解決への道はないのであろうか。

ハザーラ人に関しては、一九六三年六月にパグマン村を通った際、高山の氷をロバの背に載せて運んでいる少年たちと言葉を交えた経験があった（第三章参照）。なぜ、このような、信じられないほどの困難な仕事をおこなっているのか、また、彼らが、近くにいた黒いテントの遊牧民（クーチー）を指差して「アフゴン」（アフガン人）といったのを不思議に思ったことは、先述のとおりである。繰り返せば、彼らにはこのような、大人の労働者がやらない仕事しか残されていないのだ。また、同じ国の住人をわざわざアフガン人と呼ぶのは、自分たちとは違う人たちであることを、私に訴えていたのかもしれない。なお、クーチーという遊牧民にはバダフシャーンでも頻繁に出会ったが、その素性についてはわからない点が多い。一般には、パシュトゥーン人に属する集団であるというが、素朴きわまりない彼らの生活ぶりをみるかぎり、これがアフガニスタンの最大、かつ最有力の民族の一部であるとの説をにわかには信ずることができない。なお彼らは、多数の羊などを連れて、夏は涼しいアフガニスタン、冬は暖かいパキスタンの間を往復する暮らしぶりを何千年にもわたって続けてきたが、今日の政治・経済情勢がこのような原初の生活を許すはずはなく、多くの地で定住化への試みがなされている。

ハザーラ人は、社会の底辺に押しやられているが、それは決して能力において劣っているからではない。むしろ、前述の子どもたちは、私にバクシシをねだるわけではなく、同じような顔つきの日本人に親近感をもって話しかけてきたのではなかろうか。このような好奇心と積極性のある子どもたちに十分な教育の機会が与えられれば、個々の民族の問題ではなく、文化の多様性を許容する将来のアフガニスタン国家のために役立つに違いない。

通俗的には、この民族は一三世紀にバーミヤーンを侵略したチンギス・ハーンの軍隊に起源があるとされるが、後述のように、真相は別にあるようである。

従来、ハザーラ人に関するまとまった研究書がアフガニスタン人によって書かれたことはなかった。この民族が研究に値しないわけではなく、意図的に無視されてきたと疑われても仕方がない。しかし近年、サイエド・アスカル・ムーサヴィー（Sayed Askar Mousavi）『アフガニスタンのハザーラ人』という大著が出版された（前田耕作・山内和也監訳、明石書店、二〇一一）。副題に「迫害を超え歴史の未来をひらく民」とあるように、ハザーラ人に関する歴史の現実を直視することなしに、アフガニスタンの現代社会および未来の可能性を理解することはできないという趣旨で書かれている。

ムーサヴィーは、ハザーラ人の起源に関する現在有力な理論を三つのグループに分け、それぞれを批判的に検討した。第一の「先住民族起源論」は、主にフランス人研究者フェリエールによって一九世紀に唱えられた説を土台に、ハザーラ人がアレクサンドロス大王の遠征時（前三三〇年代）に、すでにアフガニスタンに居住していた民族に由来すると考える。しかし、ムーサヴィーは新たに、現在のハザーラ人と同様の身体的特徴を示す中央アジアとチベットのトルコ（テュルク）系グループが、上記の「先住民族起源論」に示されるよりはるかに早い時期に、現在のハザーラジャートに住みついていたと考えている。

第二の「モンゴル人起源論」では、ハザーラ人はチンギス・ハーンの軍とともにアフガニスタンへやってきた、モンゴル（モゴール）人兵士の末裔である。彼らは定住後、ハザーラジャートの住民であったタジーク人の言語、宗教、および文化を受容して、現在のハザーラ人になったと考える。多くの政治学者はこの理論を追認し、入植植民地主義の一例と考えている。また、ハザーラ人の間には、自分たちをモンゴル人またはチンギス・ハーンの子孫であると信ずる者が少なくない。そのように考えることによって、迫害に苦しめられる自己の不幸を少しでも忘れられると思うのであろうか。なお、チンギス・ハーンは、アフガニスタンへの遠征の際、目的が達成されればただちに軍隊を撤収させていたとの証拠があるので、守備隊を残したとは考えにくい。このことが「モンゴル人起源論」の弱点である。

第三の「混合民族起源論」では、ハザーラ人はモンゴル人単独またはトルコ人またはモンゴル人の末裔というのではなく、これらの民族とタジーク人やほかのアフガン人などとの混血の結果として生じたと推定する。通常、モンゴル人の軍隊は、征服地で住民の絶滅をおこなう一方で、地元住民が貢物を差し出して全面降伏をした場合には、将来の戦いに備えてその場所に砦を建設した。さらに、モンゴル人とトルコ人の兵士がアフガニスタン中央部の各地で、全滅した住民に替わって住んだ可能性がある。ハザーラ人がイスラム教シーア派の信奉者であることは、シーア派大国であるイラン人の部族との交流があったことをも示唆する。このように考えると、ハザーラ人がさまざまな民族集団の混血によって生じた混合民族である可能性が理解されよう。

ハザーラ人の起源に関する上記の三理論を検討した上で、ムーサヴィーは、従来の起源研究が語源学的（etymological）アプローチに偏っていたとし、われわれはバーミヤーンの住民自体の現在および過去の民族誌や宗教、および考古遺物に、より多くの関心を払うべきであるとして、次のような修正案を提起する。「モゴール人が登場（一三世紀前半）する遥か以前に、現在のハザーラジャートの住民たちは、モゴール人に類似した身体的な特徴を有し、トルコ（テュルク）語を話すさらに古い時代の民族の影響を受けていた」。さらにムーサヴィーは、ハザーラ人の由来に関する考えを次のように要約する。

（a）ハザーラ人は、この地域（ハザーラジャート）の最も古い住民の一人である。（b）ハザーラ人は混合した人種・民族的集団からなっており、チンギス・ハーンとアミール・ティームールのモゴール兵士たちもその一つの集団であるが、それは比較的後代のものであり、（c）ハザーラ人の部族的、言語的構造はこれらすべての異なる民族から大きな影響を受けていた。

ハザーラ人の祖先たちは、二三〇〇年以上前に、ヒンドゥークシュ山脈の南側および北側から現在ハザーラジャートとして知られている地域へ移住した中央アジアおよび東アジアのトルコ系住民に遡ることができる。南側から登場するトルコ人は、仏教を広め、北側からのトルコ人はインドを征服する途上にあった。バーミヤーン谷で発見された遺物に基づけば、仏教をもたらした仏教の僧侶はおそらくネパールやチベット、中国南部の出身と思われる。

おそらく、多くの訛りと方言をもったトルコ語は、バーミヤーンで紀元以前から広く話されていたのであろう。また、おそらくハザーラジャートは、一二〇〇年以前に遡る時期には、最初にバルバリスターン、その後にはガルジスターンの名称で呼ばれていたものと考えられる。（ムーサーヴィー『アフガニスタンのハザーラ人』前田耕作、山内和也監訳、八七頁）

また同書の監訳者あとがきにはロシアの有名な植物学者ニコライ・バヴィロフ（Nikolai Vavirov）は、一九二六年にアフガニスタンで調査を行い、特にバーミヤーン近郊の農民が非常に古い系統のコムギを利用していることを発見したことを紹介している（同前、三六三頁）。この地の住民が非常に古い時代に定住・農業を行っていたことを示唆するのではないか。私にはとても興味深く思われる。

第六章　パルナシウスをめぐる出来事

1　プルゼワルスキー・ウスバアゲハの盗難事件

最珍・最美のパルナシウス

野生馬（モウコノウマ）の発見などで著名な、ロシアの探検家ニコライ・プルゼワルスキー（Nikolai Przhevalsky　プルジェワリスキー、プシェヴァルスキとも）は一八八四年夏（七月二日との説あり）、彼の第二次チベット探検（一八八三～一八八五年）の途上、中国青海省ブルハン・ブッダ（Burchan-Buddha）山脈で、三頭（雄一、雌二）の美麗なウスバアゲハ（パルナシウス）を捕獲した。この珍しいチョウの標本は、ロシアの著名な昆虫学者でサンクトペテルブルグの動物学博物館所属のセルゲイ・アルフェラキイ（Sergei Alpheraky）によって一八八七年、プルゼワルスキー・ウスバアゲハ（*Parnassius przewalskii*）の名で新種として発表された。俗名として、プルゼワルスキー・アポロとも呼ばれた。なお、三頭のタイプ標本のうち雌一頭はホロタイプ（完模式標本）、ほかの雌および雄はパラタイプ（副模式標本）に指定された。この雄のカラー写真は、ヴェリティ（Roger Verity）の有名な大図鑑『旧北区の蝶類』（一九〇五）に掲載され、世界中の蝶類愛好者の耳目を集めた。特に、後翅の二個の大型赤色紋に加えて、後縁部に青色紋列を備え、二〇世紀初頭の当時としてはアポロチョウの最美の種とみなしうる。しかも、チベット奥地の神・仏陀を意味するブルハン・ブッダという神秘的な名の山脈で、高名な探検家プルゼワルスキーによって発見された新種であるとの理由で、みる者を魅了した。特にヨーロッパ人の間では、パルナシウス属は「アポロチョウ」と呼ばれて蒐集の目玉にされていたので、なおさらであった。

一八八六年に出版された、ロマノフ（N. M. Romanoff）の鱗翅目（チョウ・ガ）に関する報告集第三巻に掲載された、アルフェラキイの新種記載は、ラテン語のきわめて簡単なもので、産地としてはブルハン・ブッダ（以下BBと略）山脈の標高一万四〇〇〇フィート（約四二七〇メートル）、採集日については一八八四年とのみ記されている。同じ産地で採集されたエオゲネ・モンキチョウの一亜種についても記載されているので、現地は高山のお花畑と推定された。プルゼワルスキー自身は探検の詳しい記録を出版しているので、彼の隊が通過したルートや、一八八四年夏（七月〜八月）にあった出来事を部分的に知ることができる。参考までに、二〇二二年に復刊された、加藤九祚訳『黄河源流からロプ湖へ』をもとに推定すれば、プルゼワルスキー探検隊は二〇名の武装軍人およびカザック兵士を伴い、大量の荷物を運ぶ多数のウマやラクダによる大キャラバン

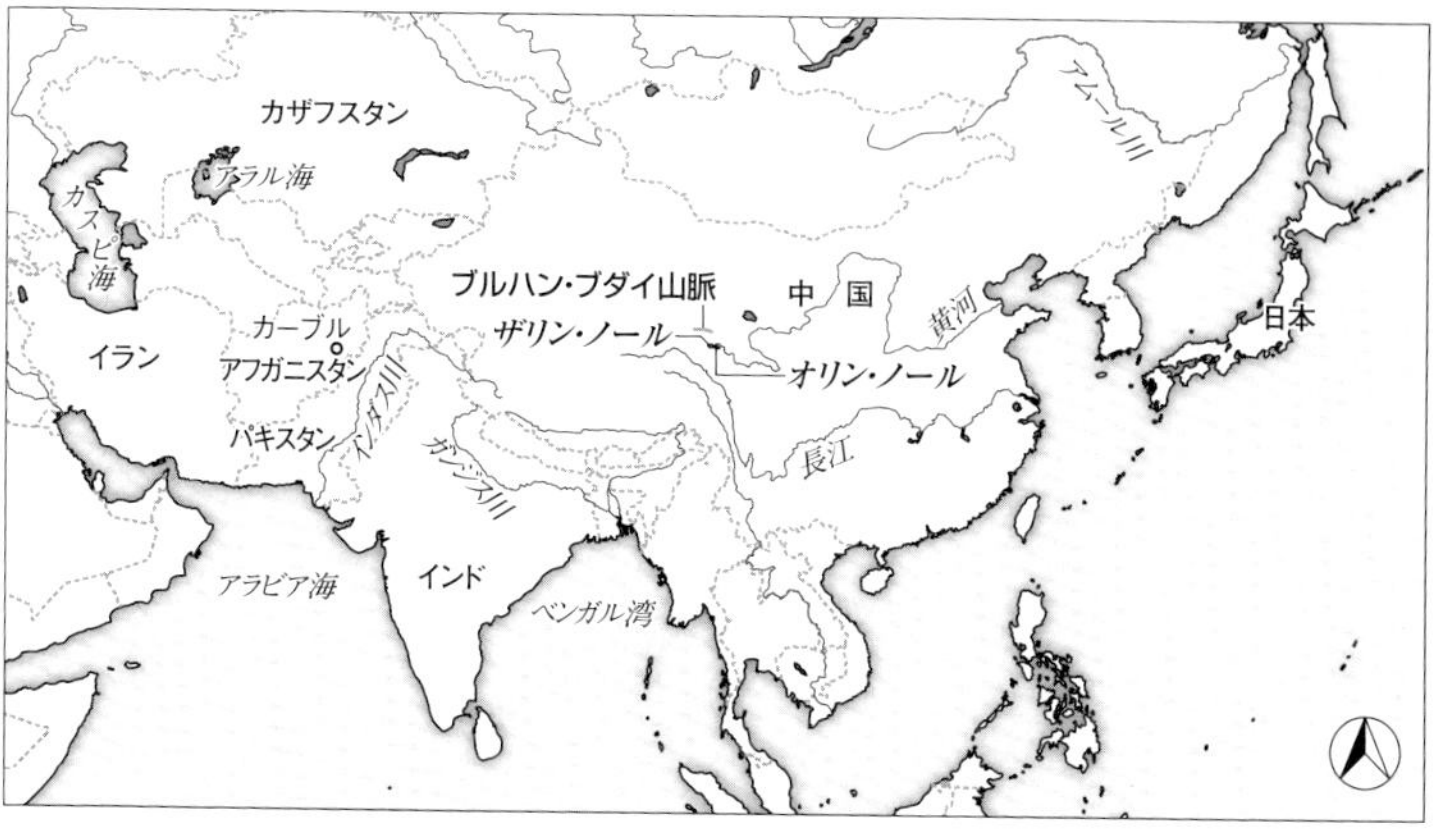

ブルハン・ブッダ山脈、オリン・ノール、ザリン・ノールの位置

であった。北のツァイダム盆地より、BB山脈を越えて、南に広がる黄河源流地帯（オドン・タラ盆地）に到達した。気圧式高度計で測定した標高は四二七〇メートルであった。この地は、黄河だけでなく長江の源流地帯にも近く、ザリン・ノールおよびオリン・ノールの二大湖がある広い草原・湿地で、探検隊はここに滞在して動植物を採取した。不思議なことに、蝶を採集したBB山脈の四二七〇メートル地点から山を下ったオドン・タラ盆地の標高が全く同じ四二七〇メートルであったことになる。

そこで、産地について次のように推定することができる。もし、キャラバン隊がBB山脈を越える途中に、標高四二七〇メートル地点でこの珍しい蝶を採集し、引き続き下向して南側の山麓にあるオドン・タラ盆地に達したとしよう。すると、不可解な点が出てくる。BB山脈は比較的なだらかな山並みであるが、大きなキャラバンがBB山脈を越えるには、北のツァイダム盆地からノモフン渓谷をさかのぼることになろう。しかし、キャラバンの途中の標高四二七〇メートルの地点で、プルゼワルスキーがみなれない蝶をみつけ、その地に一時停止してこれを採集し、そのまま峠を越えて南へ山を下ったことになるが、それはありえないのではないか。この探検を通じて彼は、非常に慎重に安全な宿泊地を決めて、少なくとも数日はそこにとどまって調査および採集をおこなっていた。当時のチベット周辺では騎馬遊牧民による強盗事件が多発し、そのために探検隊は重装備の兵士を連れていたのである。キャラバンの途中、山道で停止して蝶を採集するということは、よほど蝶採集のベテランでなければ、安全面からみてもありえない。

一八八四年のチベット探検で彼の一隊が採集した動物は、主に哺乳類および鳥類で、多くは銃を用いて得られている。ちなみに、プルゼワルスキーは銃による狩猟の愛好家で、前記の著書でも、チベット熊や野生の山羊、キジなどの仲間を射殺するありさまを誇らしげに記録している。時代が違うといえばそれまでだが、一種類について、必要以上に多くの個体を「楽しみのために」殺していると疑われても仕方がない。ほかに採集品には、若干の爬虫類《はちゅう》および、意外にも、多数の淡水魚類（ほぼ全てコイ科）も含まれている。しかし昆虫類については、害虫を除けば記述は少なく、重点的な採集はおこなわれなかったと推定される。三頭のプルゼワルスキー・アポロとの遭遇についても、残念ながら全く記述がない。

ところで、蝶とは何の関係もないが、驚いたことにここでプルゼワルスキーを待ち受けていたのは、現地の遊牧民タングート人の騎馬隊による略奪目当ての襲撃である。この件については、前記の記録に非常に詳しく書かれていて、まるでアメリカの西部劇映画さながらの銃撃戦であった。たとえば、白人の幌《ほろ》馬車が山道に差しかかると、崖の上から馬上の一群の先住民が歓声をあげながら襲いかかり、至近距離から弓矢で襲い、馬車には何本も矢が突き刺さる。幌馬車のほうにはジョン・ウェインなどカッコいい男がいて、馬に飛び移るとライフルを撃ちまくり、先住民はみる間にバタバタと倒れて、仲間を置いて逃げてゆく、といった筋書きである。プルゼワルスキー探検隊の現実はこれと似ていて、人数ではるかに勝る略奪隊が火縄銃だけに頼っていたのに対し、こちらは小人数ながら隊長および六名のカザック兵士が、最新鋭のライフル（ベルダン銃）を用いて反撃したため勝敗は明らかで、略奪隊は死傷者を残して逃走した。この事件の事後処理については何も触れられていない。土地の人間は「われ関せず」か。当時のチベットや中国奥地は、武力による略奪行為が横行する無法地帯で、学術的探検がいかに危険だったかを、プルゼワルスキーの記録は如実に示している。

なお現在、本種（プルゼワルスキー・アポロ）は分類学上の独立種ではなく、ヒマラヤからチベット、中国西部にかけて広く分布するアッコ・ウスバアゲハ（*P. acco*）の二〇以上もある亜種の一つ（*P. acco przewalskii*）として扱われている。往年の最珍種も、今では標本商から比較的安価に購入することができる。むろん、同じ種でも新種または新亜種として記載された際、ホロタイプやパラタイプに指定された特別の標本の価値は全く別で、簡単には購入することができない。さらに今回のパラタイプ標本の場合のように、歴史的記録や物語性がある場合は、天井知らずの価格（たとえば数百万円）がつく可能性がある。

ドイツの博物館からの盗難

一九四〇年代に、いきさつは不明だが、本亜種雄のパラタイプ標本（ヴェリティの図鑑に掲載）が、ドイツ人のヘルマン・ヘーネ（Hermann Höne）のコレクションに入った。実業家の彼は熱心なアマチュア収集家でもあった。たまたま、一九一八年からAGFA社の仕事で中国に滞在し、断続的に一九四六年まで、当時は未知の点が多かった中国の蝶の本格的蒐集を始めた。特に、現地人採集家を四川省や雲南省など中国西部の奥地に派遣して、中国の蝶類研究に格段の貢献をした。彼のコレクションは少なくとも五〇万頭の蝶・蛾が含まれていたという。この成果が学術的に評価され、一九三六年一二月一五日（彼の五三歳の誕生日）にボン大学より名誉博士号が与えられた（A. Koch, 2020による）。

私は、ドイツ留学中の一九六二年にボンのA・ケーニヒ博物館（正式名称、動物学研究博物館アレキサンダー・ケーニヒ、Zoologischen Forschungsmuseums Alexander Koenig, 略称ZFAK、以下ケーニヒ博物館と略す）を訪問し、鱗翅目の研究主幹として妻のエレナ氏とともに博物館に居住されていたヘーネ氏と親しく懇談した上、世界的に有名な中国標本を観察・撮影する機会が与えられた（第一章参照）。その折に、偶然だが、彼と私には共通の思い出があることが判明した。彼は少年のとき日本に住んだことがあり、私同様にルリタテハ（*Kaniska canace*）の美しさに惹かれたことがチョウの蒐集を始めた動機であるということであった。

ケーニヒ博物館の目玉となった膨大な数の中国産蝶類のコレクションは、当時はほかではみられない、学術的価値がきわめて高いものであった。むろん、問題のプルゼワルスキー・アポロの標本も展示してあったので、許可を得て撮影し、ヴェリティの大図鑑に掲載された標本と同一であることを確認した。後日、このことが重要な意味をもつことになる。一九六三年、残念なことにヘーネ氏は、博物館の標本室でチョウを展翅中に心臓発作を起こし、後日、この標本に起きた盗難劇を知ることなく、八〇歳で亡くなってしまう。その年は、私がワイアットとともにアフガニスタンへの調査旅行を実行した年で、ヘーネ氏に感謝を込めて別れを述べることができず、残念であった。

ところで、件《くだん》の標本であるが、一九七九年まではたしかに博物館で展示されていたことが確認されていた。しかし一九八三年の秋に、蝶に詳しい来館者が異変に気づき申し出たために盗難が発覚したのである。犯人は、盗んだ標本の代わりに類似した別種のウスバアゲハの標本を置いたり、ラベルを付け替えたりなどの証拠隠滅を図ったため発見が遅れたという。

その後の調査で、犯人は博物館に出入りしていたドイツ人のコレクターで、なんとマニラ（フィリピン）まで行って、標本を高額で日本の標本商に売ったことが判明した。一方、日本では東京在住のある実業家のコレクションに、よく似たプルゼワルスキーの標本が含まれていることが話題になり、当事者は、それが国際的に追及されている標本とは知らずに、約二〇〇万円の大枚

上右）著者が撮影したケーニヒ博物館のプルゼワルスキー・アポロの標本。上左）ヴェリティの『旧北区の蝶類』の該当ページ。下）返還式。左が著者。右はナウマン館長。

上右）返還されたプルゼワルスキー・アポロの標本。上左）返還式後にナウマン館長が自宅で開いてくれたレセプションで。ナウマン館長夫妻。下）返還式後の会見で記者からの質問に答える著者。

をはたいて購入したと説明していた。なお、ドイツ側では、この盗難事件を司直の手に委ねることになり、調査官が来日するところとなったようであるが、結局、証拠不十分ということで立件には至らなかった。

ヘーネ氏は故人となられたものの、ボンのケーニヒ博物館は、ミュンヘンのバイエルン自然史博物館とともに、私がドイツ留学中の一九六二年から親しく出入りさせていただき、蝶研究の上でたいへんお世話になった場所である。館長のクラス・ナウマン（Clas Naumann）博士とは折に触れて会って懇談した。彼は、館長職以外にはベニモンマダラという昼行性の赤い小さな蛾の専門的コレクターで、アフガニスタン、モロッコ、トルコ、イランなどを含む西ユーラシアで成虫の採集および生活史の観察を続けた。彼のコレクションは、新種・新亜種のホロタイプ三二、パラタイプ五四〇〇を含む約一〇万点の展翅標本からなるほぼ完全なもので、ヘーネ氏の中国産蝶類コレクションとならんで、ケーニヒ博物館の特色ある、重要な宝になっている。

特筆すべきは、彼が大のアフガニスタンびいきであることである。若いとき、カーブル大学との共同研究のために三年間同国に居住したことがあり、何よりもおつれあい（Dr. Storai Naumann）がアフガニスタン人であった。私見では、一般にアフガニスタン人は、ロシアおよび英国という二つの敵対国の侵略の歴史に関与しなかったドイツ人を好んでおり、ドイツ人もアフガン人に対して親近感を示しているように思う。特に、アルピニストや学者のドイツ人にこの傾向があり、多くの人がアフガニスタンまで数千キロメートルをものともせず、自動車で踏破することを平気で実行していた。また、近年のアフガニスタンの地獄のような惨状に手を差し伸べるNGO「国際平和村」などの人道的支援をドイツ人はごく自然におこなっている。

一九九〇年代になって、私はケーニヒ博物館のプルゼワルスキー・アポロの窃盗事件の概要を知り、他人事ではないと感じ、何か役に立てればよいがと思った。そこでまず、日本の実業家が盗品とは知らずに購入した標本が、ヴェリティの大図鑑〔二六八頁上左の図〕に図示され、また、実物は盗難以前の一九六二年にケーニヒ博物館で私が撮影した、前述の雄のパラタイプ標本と同じ個体かどうかを知りたいと思った。件の実業家とは、それまで面識がなかったが、仲介者を通じてお目にかかることができ、食事をともにする（二〇〇二年六月二二日）など、互いの立場を理解することができた。そして、お宅で問題の標本を拝見し、写真撮影も許された〔二六九頁上右の図〕。その結果、やはり、この標本は盗難前に私が写したものと、展翅の状態や両翅表面に認められる微小な傷の位置や形状が完全に一致することがわかり、両者が同一個体に由来することは確実と判定された。

ボンのケーニヒ博物館に返還

次に、この標本がケーニヒ博物館からの盗品と判定された以上、実業家はそれが盗品とは知らなかった「無知無罪」または「未必の故意」に相当し、法的には罪にならないとしても、これを今後も所蔵し続けることには道義上の問題がないとはいえない。意地悪な人から、いろいろと追及されるかもしれず、わずらわしいことになる。知らなかったとはいえ、盗品を日本のコレクターがもっているとの情報が、今後国際的に日本人研究者・コレクターの名誉を傷つけることにもなりかねない。

それよりも、この際、標本を本来あった場所であるドイツの博物館に返還してはいかがであろうか。おそらくこのことは、被害を被ったケーニヒ博物館の館長クラス・ナウマン博士が心より期待することであろう。もし実業家がこの案に同意され、自身で標本を直接先方に返還する気持ちがあるなら、私個人がよく知っている同博物館に同行して、ナウマン館長への返還のお手伝いをしてもよい。私の旅費は自弁するのでご心配なく、ただし盗品購入の際に支払った金額の弁済を博物館に期待するのは無理と考える、と伝えた（二〇〇二年七月二〇日）。

実業家は、件の標本をケーニヒ博物館に返還する案を検討され、結論として賛成であるとのこと。盗品購入の費用については、弁済されることをあきらめる。しかし、次のとおり一つ問題がある。原案では、当該標本の返還は実業家本人がケーニヒ博物館・館長に直接手渡す。私（尾本）はボンまで同行して、通訳を含め返還の全般について援助することになっている。しかし、実業家は仕事の都合で目下ドイツに行くことが困難である。したがって、できれば私（尾本）が実業家の代わりにボンに行き返還を実行してほしいとのことであった。実業家の自宅を訪問して懇談の上、この案を承諾し、当該のプルゼワルスキー・アポロのパラタイプ標本（雄）を預かった（二〇〇二年一〇月一二日）。

早速、このことをナウマン博士に伝え、私がメッセンジャーとして標本を持参するので、博物館として受領する日程などを提案してほしいと連絡した。すると、まもなく返信があり、「たいへんありがたい。返還実施の儀式は来たる二〇〇三年四月二日（水）にケーニヒ博物館の大講堂にておこないたい。返還実施と貴殿によるプルゼワルスキー・アポロについての講演（可能ならドイツ語で三〇〜四〇分程度）および新聞社などの記者会見を予定している。なお、翌日はケーニヒ博物館の新たな展示などをおみせした後、拙宅での少人数のパーティーにお招きしたい」とのことであった。当時私は、東京の大学を定年退職後、国際日本文化研究センター（京都）、ついで桃山学院大学（大阪）に勤務していたが、この日程で問題がなかったので、了解する旨の返事をした。

そして予定どおり、二〇〇三年四月二日がやってきた。私は単身、返還するプルゼワルスキー・アポロの標本をもってボンのケーニヒ博物館に到着、ナウマン館長と鱗翅目部門のキュレーターであるD・ステューニング（Stüning）博士が待っておられた。挨拶の後、さっそく持参した件の標本をお渡しすると、二人は歓声を上げげんばかりに喜ばれ、盗品と知らずに大金を投じてこれを購入した実業家がケーニヒ博物館に無償で返還するという異例の英断を下されたことに敬服と感謝の念を表された。

そして私は、大講堂で「プルゼワルスキーという名のアポロチョウ」という講演をおこなった。聴衆は四、五十人だったろうか。ドイツに留学していた一九六〇年代初頭からほぼ四〇年が経過していたので、私のドイツ語はだいぶ錆《さび》ついていたと思われるが、スライドを使って四〇分ほど話し、責を果たした。

ついで、記者会見に移ったが、予想以上に大勢のマスコミ関係者がやってきたので驚いた。そして次のように説明された――ドイツの博物館から、世界で三頭しかない大珍品（プルゼワルスキー・アポロ）のタイプ標本が盗まれ、日本の実業家が盗品と知らずに約一万四〇〇〇ユーロ（二〇〇万円相当）で購入したが、事実を知って日独文化交流への影響をも考慮した結果、実業家はこれをケーニヒ博物館に無償で返還すると決断され、本日、代理人の尾本恵市東京大学名誉教授よりナウマン館長に返還された――。蝶の研究者や収集家に与えた影響というより、一般のドイツ人の好奇心と自己満足をかきたてた点に特徴があった。

記者の質問は、プルゼワルスキー・アポロという蝶のことよりも、犯人は誰か、ドイツの博物館の管理の問題は、なぜ盗まれた標本が日本にあったのか、いくらぐらいの価格で取引されたのか、いかなる経緯でそれがドイツに戻ってきたのか、犯人は捕まったのかなどの問題に絞られた。私はできるだけ質問に答えて、「日本の実業家は大金を失った代わりに名誉を守った」と締めくくった。後日、ドイツの新聞四社（フランクフルター・アルゲマイネ、ボンナー・ルントシャウ、ゲネラル・アンツァイガー・ボン、エクスプレス・ボン）に掲載された記事のコピーが送られてきた。日本側の対応については、おおむね好意的に書かれていたと思う。なお、日本では二〇〇三年四月二三日付夕刊の「読売新聞」に「一二〇年前　中国で採集、二二一年前　独の博物館から盗難」

との見出しで「幻のチョウ 日本で発見」というタイトルと標本のカラー写真が掲載されていた。

返還日の夕方、ナウマン館長の自宅で祝賀会が開かれた。初めてアフガン人のおつれあいにお目にかかった。館長は挨拶で、このたびの返還劇は一つの奇跡であったとし、実業家をはじめとする日本側対応者の好意に厚く感謝すると述べた。ついで、ワインを飲みながらの自由発言・談笑になった。美術品か学術的標本かを問わず、コレクターには、今回のように「大金を失っても、名誉を守る」のではなく、「大金を取り戻せるなら、名誉を忘れる」者も多いのではないか。西洋では、むしろこのほうが普通ともいえよう。一方、江戸時代の日本であれば、前者こそが日本人の美徳であったろう。

翌日、ナウマン館長からケーニヒ博物館の新しい取り組みについて説明を受けた。また、国際的に著名な、同氏のベニモンマダラ類のコレクションを拝見し、驚嘆した。また、実業家個人に宛てて、ケーニヒ博物館に当該標本が返還されたことの確認、および大金を失われたにもかかわらず、名誉ある決断をされたことへの深甚の感謝を記したレターを私に託された。日本に帰国後、私は実業家に会い、返還実施について報告し、ナウマン館長から託されたその感謝状を手渡した。

2　分子系統解析によるウスバアゲハ亜科の進化史

ミトコンドリアDNAで探るパルナシウスの多様性

ウスバアゲハ属は大きくアポロチョウとカルトニウスの二つに分けられる［二七六頁の下の図］。

DNAから推定されるウスバアゲハの系統的位置づけ

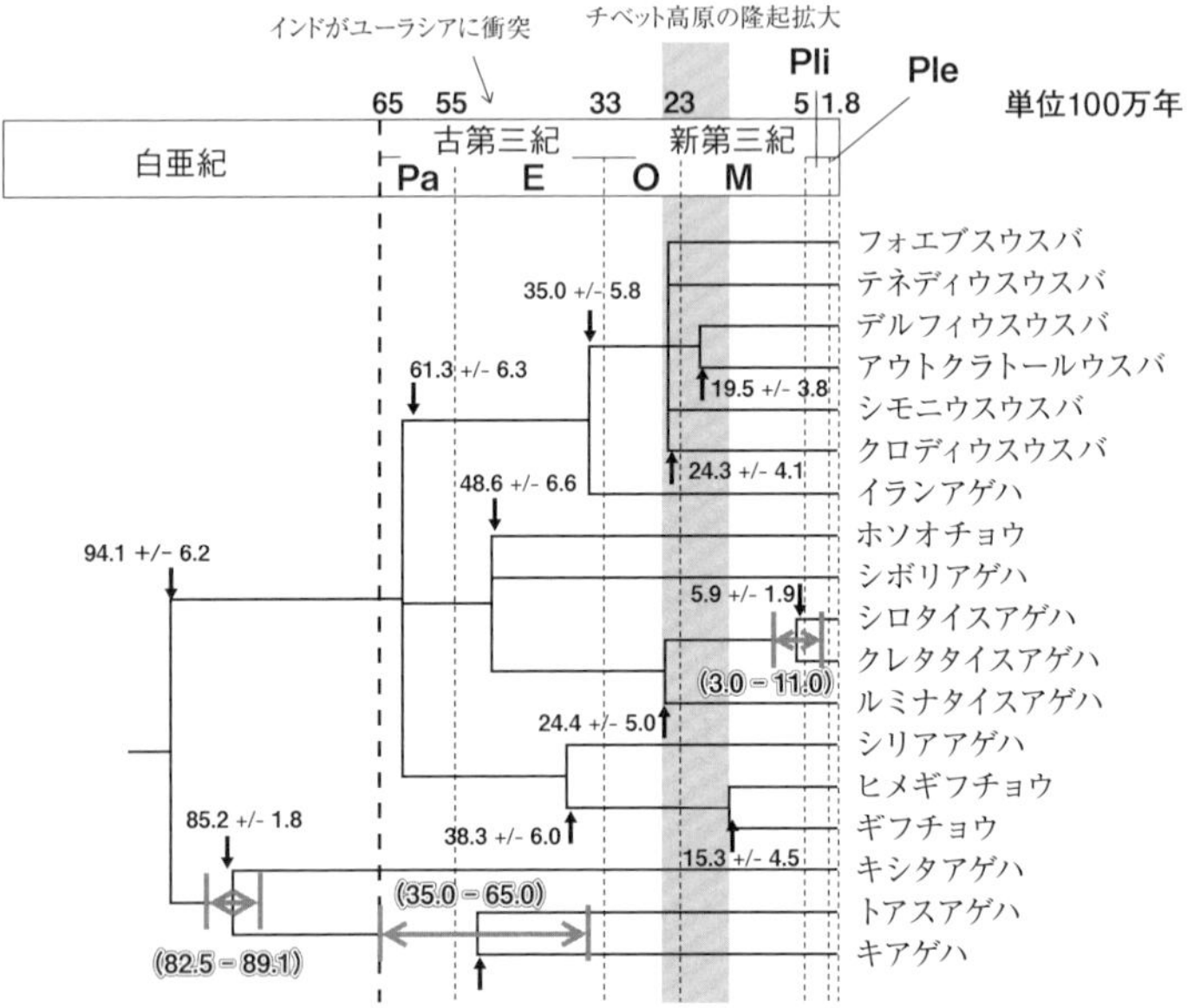

Omoto et al. *Gene* 441, 2009, pp. 80-82. をもとに作成

パルシナウスの2系統。左）カルトニウス。右）アポロ。

ウスバアゲハ亜科
①②タイスアゲハ雌雄、③④イランアゲハ雄雌、⑤⑥シリアアゲハ雄雌、⑦⑧シロタイスアゲハ雄雌、⑨⑩ヒメギフチョウ雄雌、⑪⑫ギフチョウ雄雌、⑬シボリアゲハ雄、⑭ホソオチョウ雄

ウスバアゲハ族(Parnassiini)	タイスアゲハ族(Zerynthiini)
ウスバアゲハ属(*Parnassius*) 48-50	ホソオチョウ属(*Sericinus*) 1
イランアゲハ属(*Hypermnestra*) 1	タイスアゲハ属(*Zerynthia*) 2
シリアアゲハ属(*Archon*) 2	シロタイスアゲハ属(*Allancastria*) 5
化石属(*Thaites, Doritites*)	シボリアゲハ属(*Bhutanitis*) 4
	ギフチョウ属(*Luehdorfia*) 4

ウスバアゲハ亜科(Parnassiinae)の種の数

アポロチョウ(*P. apollo*)と、その他の五属(シリアアゲハ、イランアゲハ、タイスアゲハ、シロタイスアゲハ、ギフチョウ)はアゲハチョウ科(Papilionidae)の仲間だが、「異型アゲハ」とも呼ばれる。日本のナミアゲハやクロアゲハ、ジャコウアゲハなど、アゲハチョウ科のほとんどの種は後翅に長い「尾」(尾状突起)があり、英語ではswallowtail butterfly(燕尾《えんび》蝶)と呼ばれる。つまり、「尾」のないウスバアゲハ類は「異型」なのである。

ちなみに分類単位「科」(family)の下位区分は「亜科」(subfamily)、さらに「族」(tribe)、「属」(genus)、「種」(species)と続き、学名では語尾の変化によって区別される(ちょっと、ややこしい)。つまり、ウスバアゲハ亜科(Parnassiinae)には二つの「族」、すなわちウスバアゲハ族(Parnassiini)およびタイスアゲハ族(Zerynthiini)が分類され、さらに前者にはウスバアゲハ属(*Parnassius*)、イランアゲハ属(*Hypermnestra*)、シリアアゲハ属(*Archon*)が分類されている。

これらの分類学上の概念のうち、われわれが実際に目にすることができるのは「種」のみである。ウスバアゲハ亜科には全部で八属（種群）が数えられる。しかし、一属あたりの種類数をみると、多くの属では一〜五種なのに、ウスバアゲハ属だけは約五〇種もあり、著しいアンバランスである。これは、何を意味するのであろうか。

それは、蝶の系統進化の歴史を反映しているに違いない。生物の進化では、新しい種（species）が生まれる一方、絶滅して消えてゆく種もまれではない。絶滅も一種の進化であり、現在存在しているのは、絶滅を免れて生き残った種である。「分子進化の中立説」で名高い故木村資生《きむらもとお》博士の言葉では、このような生き残りは「幸運な系統」と呼ばれる。特に、種類数が一〜二といった、絶滅に近い属は、「生きた化石」すなわち、「化石種と系統的に類似した形態をもつ現生種」である可能性が高い。たとえば、メキシコ特産のウラギンアゲハ（*Baronia breviornis*）は、北米コロラド州の始新世中期（約四八〇〇万年前）の地層から出土した*Praepapilio colorado*が先祖の化石である可能性がある。しかし、魚類や両生類と違い、蝶の化石が発見されるのはきわめてまれで、「生きた化石」の例は少ない。一方、ウスバアゲハ属のように、種類数が四八〜五〇と極端に多いグループはいかなる進化の歴史をとげたのであろうか。考えられるのは、この属は絶滅種が比較的少なかった、という可能性である。その原因は、このグループが自然選択的に強固であったため、またはその進化史が比較的短期であった、要するに、パルナシウスは新参者であったたため、のいずれかによって絶滅を免れた結果であると推定される。

分類学とは多様性を科学する営みで、周知のように一八世紀後半にスウェーデンのカール・リンネによって始められた。それは、生物の形態（目にみえる、解剖学的特徴）に相違をみいだして、新たに発見された群を記載する（名前をつける）作業である。分類学者にとっては、新種などを発見することが至上の喜びであって、それ以上のこと、たとえばその新種の進化史については不問に付されることが多い。しかし、形態（目にみえる特徴）は表現型（フェノタイプ。遺伝と環境の両者により決まる）なので、過去の進化について論ずることはきわめて難しい。

たとえば、ハンコック（D. Hancock, 1983）は、ウスバアゲハ亜目の系統関係を、表現型のみを用いて推定する分岐学（Cladistics）という方法で調べた。

それによれば、未知の共通祖先からウスバアゲハ族とタイスアゲハ族という二系統が生じ、前者よりシリアアゲハ属が分かれた後にウスバアゲハ属とイランアゲハ属が分岐した。一方、タイスアゲハ族からはホソオチョウ属が分かれた後にタイスアゲハ属とシロタイスアゲハ属が分岐した。また、タイスアゲハ族からは、最終的にシボリアゲハ属とギフチョウ属が分岐した。なお、破損した化石が知られている二属（*Doritites* と *Thaites*）の進化上の位置も推定された。

化石種を除く現生種の表現型の比較から、ある程度、進化的に古い系統か新しい系統かが推定できる。しかし、われわれが知りたいのは、ウスバアゲハ亜科がたどった系統進化の全容、たとえばこれらの系統が地質時代的にいつごろ、いかなる環境要因のもとで生じたのかという問題である。表現型データだけからこの問題に答えることは困難である。しかし、五十嵐《いがらし》邁《すぐる》の『世界のアゲハチョウ』（講談社、一九七九）では、アゲハチョウ科の種に関する幼虫の発育ステージの形態的変化および食草（幼虫の食餌植物）の、きわめて正確な図が記載されていて、これらはDNAによる分子系統進化史を補足することができる。

しかし今日では、全く別の方法によって、進化の問題に光をあてることができる。化石のデータがなくとも、現生種のDNAに着目する分子系統発生学（Molecular phylogenetics）の手法によって、過去の進化の出来事を知ることができる。わが国では一九九〇年代に、故大澤省三《おおさわしょうぞう》氏による甲虫類オサムシ（Carabid beetle）の研究が草分けであるが、遅ればせながら二〇〇〇年代にわれわれも、この方法によってウスバアゲハ亜目の進化史を研究した（遺伝学の国際誌 *Gene*、二〇〇四年および二〇〇九年号に発表）。研究方法の詳細は原論文を参照されたい。なお、大澤らのオサムシの研究では、乾燥標本からのDNA採取は確実ではないとされ、あらためて野外調査によって新鮮個体を採集して、DNAを得たという。しかし、それでは、多くの人員や膨大な費用を要するために、専門の大型研究組織でなければ実施できないという問題がある。

先祖はシリアアゲハか、イランアゲハか？

私は二〇一三年に、東京大学総合研究博物館に「尾本コレクション」として約二万七〇〇〇点の標本を寄贈したが、その目的は形態分類学だけでなく、DNAを用いる分子系統進化学にも役立てることであった。そのため、前述の論文（*Gene*, 2004）では、実験担当者の加藤徹氏のすぐれた実験技術によって属内のほぼ全種に相当する約五〇種のウスバアゲハ乾燥標本の脚部より問題なくDNAが得られ、ミトコンドリアDNAのND5座位について系統樹を作成することができた。しかし、その後、チョウの乾燥標本からのDNA抽出には、標本の古さによるDNAの劣化という問題に直面した。具体的には、およそ五年（場合によっては一〇年）以上を経た標本では十分なDNA試料を得ることが難しい。このため、大澤省三氏は乾燥標本からのDNA採取を全面的にあきらめ、野外調査によって新たに新鮮個体を採集してDNA試料を得た。しかし、ウスバアゲハ亜科の場合、ほぼすべての種がユーラシア内陸部の高山地帯などに分布していて、あらためて野外調査を実施することは不可能に近く、どうしても乾燥標本に頼らざるをえない。大澤氏は前著の中で「これからの分類や系統の研究にはDNAが決定的な役割を果たすことになると思われるので、採集した昆虫（胸部や脚の筋肉など、体の一部でもよい）はぜひアルコール漬けにするようお勧めする。標本プラスDNAで一セットという時代がくるのは目に見えている」と書かれた。しかし、表現型（形態や行動）の研究とDNA系統進化研究の両者は車の両輪であって、一方のみでよいわけではなく、何を調べたいかとの目的にとって、どちらが適しているかを判断の上、使い分ける必要がある。

二七六頁上の図は、ウスバアゲハ亜科の進化に関する系統樹で、われわれの研究の総括でもある（*Gene* 2009）。ウスバアゲハ属および近縁のイランアゲハおよびシリアアゲハの二属、さらに、ホソオチョウ、シボリアゲハ、ギフチョウ、タイスアゲハ（*Zerynthia*）、シロタイスアゲハ（*Allancastria*）の計八属についてミトコンドリアDNA・ND5領域（807bp）の塩基データを用い、平均距離法（UPGMA）や最尤法《さいゆうほう》（ML）などによって分子時計に従う系統樹を作成した。外群としてはキアゲハ（*Papilio machaon*）のデータが用いられた。系統の分岐時間の推定には*ND1*、*ND5*、*COI*、*COII*、*16S*、*Leu-tRNA*、および*EF1a*の塩基データが用いられた。系統樹作成の技術的・統計的詳細は原論文（*Gene*, 2009）または上述の大澤省三らの本を参照されたい。

以下、この系統樹から推定されるウスバアゲハ八属の進化、特に分岐時間の概要について、結論のみを記す。

（1）ウスバアゲハ亜科の祖先が出現したのは、約六一〇〇万年前（古第三紀・暁新世）、場所はユーラシア南部または西部と推定される。

（2）四五〇〇～五五〇〇万年前、インド亜大陸がユーラシア南部に衝突、ヒマラヤ山脈の隆起が始まる。ほぼ同時期（古第三紀・始新世）の約四九〇〇万年前には、タイスアゲハ属やシロタイスアゲハ属の先祖がユーラシア西部に、ホソオチョウ属やシボリアゲハ属の先祖がユーラシア東部に出現した。そのころ、ユーラシア西部・東部（現在は温帯）には熱帯・亜熱帯樹林が茂り、ウマノスズクサ類（*Aristolochia*）を幼虫の食草とするタイスアゲハ族の先祖が繁栄していたと推定される。

（3）DNAデータによれば、約三八〇〇万年前（古第三紀・始新世）にシリアアゲハ属とギフチョウ属の共通祖先が出現したようにみえる。しかし、現在両属はユーラシアの西部と東部に遠く離れて分布しており、ギフチョウ属の分岐はシリアアゲハより古く一五三〇万年前（中新世後期）と推定される。現在のギフチョウ属幼虫の食草はウマノスズクサ科の中で特異なカンアオイ属（*Asarum*）などである。なお従来は、透明の翅や後翅外縁の赤および青の紋列などの形態的特徴によって、パルナシウス属の先祖としてふさわしいのはシリアアゲハであるとの意見が多かった。しかし、本研究のＤＮＡ系統樹によって、パルナシウス属の直接的先祖はイランアゲハであると示された。

（4）古第三紀・始新世末から漸新世にかけて、ユーラシアの平均気温の低下が続き、中央アジアでは森林が縮小して草原が増加した。約三五〇〇万年前、この地域でウスバアゲハ属の先祖とみなしうるイランアゲハの祖先が出現し、荒れ地の春として、初めてウマノスズクサ科以外の植物（ハマビシ *Tribulus*）を食草とした。ヒマラヤ山脈の隆起は続き、約二〇〇〇万年前までにチベット高原などの高山性気候と複雑な地理的環境がほぼ完成する。

（5）約二四三〇万年前（古第三紀・漸新世末）、内陸アジア高地でウスバアゲハ属「アポロ種群」の種分化と一斉放散が始まり、約八系統が出現した。ちなみに、本書の中心的存在であるアウトクラトール・ウスバアゲハの発生は、約一九五〇万年前ということになる。幼虫の食草としては、あらたにベンケイソウ科のセドゥム（*Sedum*）、ケシ科のケマンソウ（*Corydalis*）、およびウルップ草などを含むラゴティス（*Lagotis*）などゴマノハグサ科

(*Scrophulariaceae*) の植物などが利用された。

(6) ウスバアゲハ属は、ウスバアゲハ亜目の中で最も新しく、また種類数が最多のグループである。新第三紀・中新世のますます強まる寒地性気候に適応して、第四紀・更新世に繰り返された氷河期をくぐりぬけ、内陸アジア高地だけでなく、ユーラシア北部からアメリカ北部にも拡散した。

(7) なお、ウスバアゲハ属の中に形態および食草の相違によって二つのグループを区別することができる【二七六頁下の図】。第一は、カルトニウスで代表される、後肢外縁に赤紋・青紋をもつなど複雑な色彩斑紋をもち、幼虫の食草がおもにケシ科のケマンソウ(*Corydalis*)である。第二は、アポロで代表される単純化された斑紋のグループで、食草はおもにベンケイソウ科(*Sedum*)である。第一の群に対してタドゥミア(*Tadumia*)という属名が提唱され、第二群のみがパルナシウス(*Parnassius*)として扱われる。

おそらく、第一群が古い系統で、その中から第二群が生まれたと推測されるが、結論は今後の検討に委ねたい。

（注）

（1）ごく最近、二〇二二年一一月二九日付け毎日新聞に、以下の記事が出ていた。奈良県明日香村の高松塚古墳（七世紀末〜八世紀初め）の国宝壁画「飛鳥美人」の彩色に使われた顔料を、最新の分析装置で検査した結果、衣の青い部分には「藍銅鉱」（アズライト）またはラピスラズリのいずれかが使われていたと推定され、解明が待たれる。

（2）サアディー（Musharrif al-Din Sa'di）は一三世紀のイランの詩人、散文家。

二足のわらじ——あとがきにかえて

昆虫少年と多様性の涵養

本書は、ちょうど六〇年前の一九六三年の夏、偶然実現したアフガニスタンへの旅の紀行文である。旅の主な目的は、当時、幻のチョウとしてコレクターの垂涎の的であったアウトクラトールという名のアポロチョウの発見・捕獲であった。

もともと熱心な昆虫少年だった私は、蝶を題材に生物の特異性と多様性の由来と進化を研究したいと思い、大学に入った。しかし、一九五〇年代の当時は分子生物学の興隆期で、大学での生物の研究は「法則性」の追求がすべて、自然史（ナチュラル・ヒストリー）の中心課題である「多様性」などは二次的な現象で、大学で研究する価値はないとまでいわれた。

ところで、われわれの知性（メンタリティ）の基盤には、異なる二つの思考型があるように思う。人によって、「深く、狭く」または「浅く、広く」考えるタイプで、その違いが研究者の個性を生んでいる。前者（第一型）は、線形的、数理（代数）的、論理的、法則追求的といった特徴を有し、「単純なものほど美しい」という感性をもつ。実験系研究のスペシャリストにふさわしく、代表は物理学者である。このような人には、ノーベル賞の受賞者などが目につくが、ときには研究成果に自信をもちすぎて、原子爆弾のように人類破滅の結果を生むような副作用を産む危険がある。

一方、後者（第二型）は、離散形的、形象（幾何）的、直感的、多様性追求的といった特徴を有し、「複雑なものほど美しい」との感性、ジェネラリストにふさわしく、実験よりもフィールドワークに適性があり、自然史分野の学者に適する。「浅く」というのは不人気な表現かもしれないが、比較的な意味であって、むろん差別が目的ではない。

私の思考は、疑いなく第二型である。たとえば本を買っても、一冊を初めから終わりまで通して読むことは稀で、ざっと「ななめ読み」をして著者のいいたいことをつかんだら、新たに目についた本をつぎつぎに読む。広く多様な分野の情報を得ることができる。ただし、観念奔逸《ほんいつ》といって、むやみに無駄なアイデアが浮かぶデメリットがある。

分子生物学でいう法則性の追求は、上記の第一型のメンタリティによるところが大きいが、それだけが科学であるとの狭量な考えを生みやすい。一方で、第二型思考の役割は、今日ますます重要視されるようになった地球環境問題や医生物学、および生物多様性の研究で発揮されている。これらは、自然と人間の相互関係を前提とする。科学知識の総合化のためには、第一型思考と第二型思考の果たす役割が、車の両輪のように、等しく重要であることを認めねばならない。

私は、大学の理系分野では自分の居場所をみつけることができず、医学部への受験にも失敗、文学部で小説を読んだりドイツ語を学んだりして数年を過ごした。父は、私の進路については何もいわず、ただ千利休の「好きこそものの上手なれ」をひいて「好きなことでなければ大成しない」と、完全な放任主義であった。頼りない父の態度を恨んだこともあったが、放任主義も一種の教育で、これが父の親心であることは後日わかった。

しかし全くの偶然から、理学部の人類学科ならヒトを題材に生物の特異性と多様性の研究ができることを知り、学士入学によって学部の生活をやり直すことになった。結果として「瓢箪《ひょうたん》から駒」で、人類学が私の興味や目標に合致していたようで、文学部と理学部の両方を卒業したことは後日「文理両道」を標榜することにつながった。「人生万事塞翁《さいおう》が馬」である。

私は、父の教えを守って、「好きな」研究分野としての蝶と人類の両者を自分の生涯の居場所と決めることができた。本職に「人類学を選んだ」と父に告げたところ、「よくよく金に縁がないね」とだけいわれたことを思い出す。研究と教育によって給料を頂いて生活し、論文や著書の発表によって学問分野の進展に役立つ人類学が「本職」、蝶のほうは純粋な楽しみが目的の「趣味」の「二足のわらじ」ということになる。今なら冗談でも大谷翔平にちなみ「二刀流」だが、こちらは、本職も趣味も超一流の腕前である場合にのみ使用することにする。私程度の場合は、「二足のわらじ」でよい。本職と趣味が全く別種の内容（たとえば、元東大総長の有馬《ありま》朗人《あきと》先生のように、物理学と俳句）のことも、私の場合のように、両者（「人類学と蝶類研究」）が似た内容（いずれも生物多様性の科学）のこともある。正直にいえば、本職より趣味のほうが楽しい、または

「お金をかけた」という方が多いのではなかろうか。

学問と蝶のテラ・インコグニータに踏み入れる

一九六〇年代の当時は、DNAそのものの変異を直接検査することが技術的にできなかった。しかし、多数のタンパク質の個人差（単一アミノ酸置換）を用いて、間接的にDNAの多型（単一ヌクレオチド多型）を知ることができ、そのデータによって集団の分子系統樹を作成する方法が開発されていた（キャヴァリ＝スフォルツァ Cavalli-Sforzaらによる）。私もこの手法を用いようと思い、ヒトの血液酵素や血清蛋白質の遺伝的多型（個人差）を検査することにした。

一九六一年から足掛け四年間、私は駆け出しの人類遺伝学者としてドイツに留学した。さすがにこのころは、昆虫採集は卒業していたはずなのに、ミュンヘン郊外の草原に旧北区系の蝶が飛んでいるのをみると、にわかに遊び心が戻ってきたため、東京からネット（捕虫網）を送ってもらい週末を楽しんだ。また、念願だったロンドン自然史博物館を訪問したとき、年来の蝶の交換相手であった、英国人のコリン・ワイアット氏に会った。すると彼は、最近アフガニスタン東北部で、偶然、飛び古した雌のアウトクラトールをみたといい、一緒に調査に行かないかと誘ってきた。当時はチョウに関してアフガニスタンは、ほとんどテラ・インコグニータ（未開拓地）で、またとないチャンスである。熟考の上、好奇心と探検熱を抑えきれず、日程や予算をやりくりして誘いを受けることにした。

アフガニスタンには、ハザーラ人というモンゴル系の少数民族が住んでいて、一説によれば一三世紀の侵略者チンギス・ハーンの軍隊の残留兵の子孫であるといわれていた。蝶以外にも人類学者として、むろんこちらにも大いに興味をそそられ、ぜひ観察してみたいと思った。

結果としてこの探査行は成功で、アウトクラトールを始め多数の珍種（新種・新亜種を含む）の蝶を採集することができた。中でも、ヒンドゥークシ山脈の標高四〇〇〇メートルの地点で、アフガニスタン新記録のマルコポーロ・モンキチョウ（*Colias Marcopolo*）の採集に苦労した末に成功したことが嬉しかった。後日、新亜種として記載したが、命名は、紀元一〜三世紀のアフガニスタンの仏教王国クシャン（Kushan）の名を取り、クシャーナ（*Kushana*）とした。これで、私はアフガニスタンの自然と文化の両方に、少しではあるが関与することができた。

進化遺伝学の進展と研究手法の変化

さて、一九六〇年代以降に進化遺伝学の分野で大きな進展があった。第一は理論面で、何といっても重要だったのは、国立遺伝学研究所教授だった木村資生先生の「分子進化の中立説」の登場である。それ以前は、いわゆる「新ダーウィニズム」の全盛時代で、進化要因として自然淘汰を重視していた。そこに、当時の世界の遺伝学者の反対をものともせずに、木村先生は、生物進化にとっては自然淘汰よりも遺伝子頻度の偶然の変動のほうが重要であると、巧みな数理分析によって喝破された。西欧キリスト教世界では、すべての現象は「神」によって決定されるので

「偶然」などという理屈を信ずる人はいなかったろう。しかし、キリスト教以前の古代ギリシャでは、プラトンによって偶然という現象の重要性が次のように考えられていた。「すべての事物は、現在においても、過去においても、また未来においても、そのあるものは自然によって生じ、あるものは人工（技術）によって生じ、あるものは偶然によって生ずる（中略）それらのなかで最大最美のものは、自然と偶然とがつくり出すのであって、技術（人工）がつくり出すものは、これより小さい」（『法律』下、森進一ほか訳）。木村先生の功績はダーウィニズムの見直しのみならず、偶然という概念のルネッサンスという、世界史における思想上の転換をうながすほどのものであった。

第二はDNA研究の実験面での進歩である。一九七〇年代後半ごろより、従来と異なり直接DNAを実験室で扱い、塩基配列を読むことが技術的に可能になった。このため、生物学関係の分野では急ぎ新たな（高価な）実験用装置を設置する動きが高まった。しかし、東大人類学教室では当時、タンパク質の多型の研究のための生化学実験設備はあったものの、DNAを扱うための基本的設備（PCR装置、シーケンサー、安全キャビネットや高速遠心機など）は、スペースや研究費の絶望的な不足によって設置は不可能であった。

しかしここでも、私にとって偶然の幸運が訪れる。一九八〇年代初頭に文部省の特定研究「分子レベルにおける進化機構に関する総括的研究」（代表者、今堀宏三）が採択された。これは、木村資生の「中立説」に関連する、さまざまな分野の理論的および実験的研究者を助成することを目的とする、三年間の大型研究費であった。タンパク質の遺伝的多型を用いた日本人（アイヌを含む）集団の起源に関する私の研究は、系統樹の作成に関して「中立説」、および「進化時計」の理論を利用していたため、この特定研究の班員の一人としての恩恵を受けることになった。おそらく、私を班員とする選考にあたり木村先生の推挙があったに違いない。これによって、まるで天から降ってきたように、人類学教室に初めてＤＮＡ研究のための設備がもたらされ、小型であるが立派な「組み換えＤＮＡ実験室」などを設置することができた。若手スタッフの士気も上がり、かつて遺伝学とは「相いれない」といわれた古い人類学が、人類の特異性と多様性の科学としての新しい人類学として生まれ変わったのである。

クロウ先生のこと

さて、初めて一対一で木村先生にお目にかかったのは、一九八〇年のことと記憶する。驚いたことに、先生が太田朋子先生とともに、東大人類学教室の私の研究室の扉をノックされたのである。長谷部先生は一九六九年に故人になられていた。来訪の目的は、青木健一氏の人事の件であった。同氏は、もとは物理学科の学生だったが、われわれの人類学に興味を抱いて途中入学された。大学院の時、米国ウィスコンシン大学のクロウ（J. Crow）教授のもとでPh.Dを取得され、帰国後は国立遺伝学研究所（遺伝研）で木村先生のもとで研究した後、東大（人類学科）に助教授として戻り、数理人類学という新しい分野を開き、教授となった。

周知のように、木村先生はクロウ先生と学問上きわめて親しい間柄であった。二人は、青木氏が帰国後は遺伝研の研究員として出発するのがよいと意見が一致した旨を、指導教官の私に伝えられたので承認した。彼を通じて、私もクロウ先生と親交を結ぶことができたため、来日されたおりにはしばしば食事をご一緒する機会があった。そこで知り得たことは、先生の趣味はヴィオラ演奏で、驚いたことには、ウィスコンシン市の交響楽団の一員であるとのことであった。本業が超一流の遺伝学者であることを考えれば、先生は立派に「二刀流」の使い手であったことになる。逸話を一つ紹介しよう。東京の夜、先生のお気に入りの店は麻布にあった「ベルマンスポルカ」というドイツ・ビアホールであった。そこには、なかなかの腕前のヴァイオリニストがいて、客のリクエストに答えて一曲を弾いてくれる。あるとき先生は手をあげて、フリッツ・クライスラーの『愛の悲しみ』(Liebesleid) を希望し、その正確な演奏にご満悦の様子であった。クライスラーは二〇世紀初頭にウィーンを中心に活躍したヴァイオリニスト、作曲家で、私の父もファンの一人でレコードをよく聞かせてくれていた。さすがに、ハイ・レベルの洒落《しゃれ》た曲をリクエストされたな、というのが私の受けた印象であった。

木村先生のラン育成

科研費の研究会など、おりに触れて木村先生にお目にかかる機会が増え、ときおり雑談で本業と趣味の「二足のわらじ」の話が出ることもあった。先生は、ご自分の趣味のことについて多くを語ることがなかったが、「知る人ぞ知る」で洋ラン（蘭）の育種・交配では、その道の専門家の間でよく知られたプロフェッショナルであった。少年時代から植物採集が趣味で、京都大学卒の植物学者であられた先生が、ランを趣味の対象にされたのは自然なことであったろう。特に好まれたのがパフィオペディルム（*Paphiopedilum* パフィオと略）属のランで、東南アジアを中心として原産する地生（地面から生える）ランの仲間で、わが国の絶滅危惧種クマガイソウやアツモリソウとも近縁の、上品で美しい花で知られるグループである。ランの品種は、その多くが育種家による人工交配によって作られたものである。おそらく木村先生も、異なる花の二系統を育種・交配することによって、これらとは大きく異なり、しかも上品で美しい花の新品種を作り出せることに魅了されたのであろう。また先生は、新品種の作成と生物進化との類似性についても、遺伝学の立場から何かお考えであったに違いない。

進化遺伝学者の大野《おおの》乾《すすむ》先生は、研究上のすぐれた発想・アイデアは研究室では得られないと、よく話されていた。私も賛成である。釣りとか山登りといった、研究以外の思いがけない時間に突然、ひらめくことがある。多分このことは、木村先生にもあてはまったのではなかろうか。中立説の原点となるべき発想は、研究室というよりも、ランの栽培・育種をされているときに突然にやってきたのではないか、と想像することも楽しい。案外、研究者の本業と趣味の間には、このような関係があるのかもしれない。

上）木村資生先生作出のPaphiopedilum Motoo Kimura "New Year"（小澤知良撮影）。下）講演会での木村先生（著者撮影）。

「ランなどやらなければよかった」

木村先生がランの育種を始めたのは、たぶん一九五〇年代末であることがわかっている。一九五八年に先生は夫人とともに、世田谷区の用賀にあった三井戸越農園を見学し、園長より一輪のパフィオをプレゼントされたが、その花の深遠で上品な美しさに魅了されたという（先生と親しかったラン園芸家の小澤知良氏による）。一方、中立説のアイデアの方もこのころが非常に重要な時期で、旗揚げに相当するネイチャーの論文（Evolutionary rate at the molecular level）が出たのが一九六八年である。しかし、これをもって単純に、本業である中立説のアイデアより、趣味のランの育種のほうが早かったと結論するのはやや乱暴であろうが、その可能性はあった。

一口にランの育種といっても、それは大変なことである。先生は、自宅にランのための温室を特別に設置し、この気難しい植物を慣れ慕わせて、交配によって驚くほど多数の新品種を作られた。先生が作られた品種の中で国際的によく知られているのは、パフィオ・モトオ・キムラ(Paphio. Motoo Kimura)とラベルされたいくつもの品種である。図は、前述の小澤知良氏より提供された"New Year"と題する登録名の花で、美しくも元気いっぱいな、木村先生創作の名花といえよう。国際的に知られた"Bright Future"という株の場合、先生は独創的発想によって、ウィンストン・チャーチルおよびキャルヴェリーという二つの株の交配によってこれを作られた。美と独創性という点で、先生は植物学を芸術に仕立てあげられた。なお、先生の作品である多数の品種の中には、親しい遺伝学者や作家、たとえば太田朋子、ジェームス・クロウ、キャバリ・スフォルザ、ナイジェル・コールダーなどの登録名が目につく。一種の余興であったろうか。

こうなると先生は、押しも押されもせぬランの育種家として認知され、専門家の間で「日本が生んだ近代パフィオの父」とまで呼ばれた(誠文堂新光社『洋ラン大全』の小澤知良の記事)。仮に、先生がノーベル賞級の遺伝学者であることを知らなければ、ランの育種家が本業であると誤解されるに違いない。本業より趣味のほうが好きという人は多い。アインシュタインは「物理学者でなければ音楽家(ヴァイオリニスト)になっていた」。本業は生活のため、趣味は楽しみのためであろうか。

あるとき、先生が独り言のようにいわれた言葉に、私は耳を疑った。「ランなど、やらなければよかった。そうすれば、もっと本業に集中することができた」。長年、遺伝研で先生とともに過ごされた高畑尚之氏も、木村先生の同様の発言を聞かれたことがあるという。私は、「先生、それはないですよ」といいたかった。むろん、私でも「蝶の研究など、やめよう」と思ったことはある。しかし、私の場合、蝶が生物多様性の研究者としての原点であり、本業の人類学はその延長との位置づけである。もし勝手に想像することを許されれば、木村先生はもともと植物学者なのでランに対する興味が先にあり、とくに育種交配による新品種の作成を趣味として熱中されたが、非凡な数学的才能によって数理進化学を本業とされたのではなかろうか。私の定義によれば、先生は「二足のわらじ」よりも大谷翔平並みの「二刀流」の境地に達しておられた。

中立説による進化を説明する木村先生の有名なスローガン「最も幸運な者が生き残る」(Survival of the luckiest) は、永らく信じられてきたダーウィニズムによる「最も適した者が生き残る」(Survival of the fittest) にとって代わって、今では標準的な言い方になりつつある。先生は、このスローガンがお気に入りだったようで、多分、ご自分の実感を重ねて考えておられたのであろう。人間・木村資生は、すばらしい本業と趣味の両者があって初めて成立すると、僭越《せんえつ》ながら私は思う。

自然史の研究者がすぐれた紀行本をものしている。ダーウィンの『ビーグル号世界周航記』や、ウォーレス（Alfred R. Wallace）の『マレー諸島』（宮田彬訳は七〇〇頁近い大著）でよく知られている。これらの紀行本は、単に風景や人物などをみて感想を書くような旅行記とは違う。生き生きとした自然描写と、人間と文化についての随想、さらに著者の研究者魂の吐露が含まれている。実は私は、本書を書くにあたり、及ばずながら上記の二冊の紀行文を参考にしてみようと思った。

浅学菲才の私でも、九〇歳の今日まで健康で、本業の人類学でも趣味の蝶類研究でも大過なくやってこられたのは、偶然の幸運のおかげであるが、それに関しては何人かの恩人にお礼せねばならない。大学で人類学という新しい居場所を示された鈴木尚先生、人類学と遺伝学は相いれないといわれてかえって私の遺伝学への希求を強くした反面教師の長谷部言人先生、アフガニスタンへの調査行を誘われたコリン・ワイアット氏、人類学教室でＤＮＡ研究を可能にされた木村資生先生、「好きなことを見つけよ」といい、私の思うがままに研究者人生を全うさせてくれた両親にも、厚くお礼申し上げる。

二〇二三年七月

尾本　惠市

おもな参考文献

岩村忍『アフガニスタン紀行』(朝日文庫、一九九二)
アルフレッド・R・ウォーレス『マレー諸島』(宮田彬訳、思索社、一九九一)
梅棹忠夫『モゴール族探検記』(岩波新書、一九五六、第三八刷二〇一四)
慧立・彦悰『玄奘三蔵』(長澤和俊訳、講談社学術文庫、一九九八)
大澤省三、蘇智慧、井村有希『DNAでたどるオサムシの系統と進化』(哲学書房、二〇〇二)
小澤知良「日本が生んだ近代パフィオの父　木村資生」洋ラン大全編集部編『洋ラン大全』(誠文堂新光社、二〇一八)、九六−一〇四頁
尾本惠市「なぞのアポロ蝶」(『科学朝日』一九六六年一月号)
尾本惠市「私の夢の蝶」『やどりが』五〇(一九六七)、一六−一八頁
尾本惠市『ヒトの発見──分子で探るわれわれのルーツ』(読売新聞社、一九八七)
尾本惠市「ウスバアゲハ亜科(Parnassiinae)高次分類への挑戦」蝶類DNA研究会ニュースレター、No.12(二〇〇四)、二一−二六頁
尾本惠市『ヒトと文明』(ちくま新書、二〇一六)
加藤九祚『シルクロードの古代都市』(岩波新書、二〇一三)
酒井成司『アフガニスタン蝶類図鑑』(講談社、一九八一)
佐々木徹『アフガニスタンの歴史』(東京図書出版、二〇二一)
高木徹『大仏破壊──バーミアン遺跡はなぜ破壊されたのか』(文藝春秋、二〇〇四)
チャールズ・ダーウィン『ビーグル号世界周航記──ダーウィンは何をみたか』(荒川秀俊訳、講談社学術文庫、二〇一〇)
土本典昭編『アフガニスタンの秘宝たち　カーブル国立博物館1988』(石風社、二〇〇三)
中村哲『天、共に在り』(NHK出版、二〇一三)

中村哲『アフガニスタンの診療所から』（ちくま文庫、二〇〇五、第五刷二〇一九）
原弘『伝説の蝶を求めて――女帝ポンテンモンキチョウ』（龍鳳書房、一九九九）
平位剛『禁断のアフガーニスターン・パミール紀行――ワハーン回廊の山・湖・人』（ナカニシヤ出版、二〇〇三）
深田久弥『ヒマラヤ登攀史』（岩波新書、一九六九、第一四刷二〇一二）
ヴィレム・フォーヘルサング『アフガニスタンの歴史と文化』（前田耕作、山内和也監訳、明石書店、二〇〇五）
プラトン『法律』上・下（森進一ほか訳、岩波文庫、一九九三）
ニコライ・プルジェワルスキー『黄河源流からロプ湖へ』（加藤九祚訳　河出書房新社、二〇一二）
前嶋信次『玄奘三蔵――史実西遊記』（岩波新書、一九五二、第四一刷二〇一〇）
前田耕作『アフガニスタンの仏教遺跡バーミヤン』（晶文社、二〇〇二）
松井健『遊牧という文化――移動の生活戦略』（吉川弘文館、二〇〇一）
松森胤保『両羽博物図譜』（酒田市立光丘文庫蔵、江戸時代後期）
モフセン・マフマルバフ『アフガニスタンの仏像は破壊されたのではない　恥辱のあまり崩れ落ちたのだ』（武井みゆき・渡部良子訳、現代企画室、二〇〇一）
宮治昭『バーミヤーン、遥かなり――失われた仏教美術の世界』（ＮＨＫブックス、二〇〇二、第二刷二〇〇七）
サイエド・アスカル・ムーサヴィー『アフガニスタンのハザーラ人――迫害を超え歴史の未来をひらく民』（前田耕作、山内和也監訳、明石書店、二〇一一）
マーティン・ユアンズ『アフガニスタンの歴史――旧石器時代から現在まで』（金子民雄監修、柳沢圭子ほか訳、明石書店、二〇〇二）

（欧文文献、カッコ内は本文での表記）

L.L.Cavalli-Sforza and A.W.F. Edwards: Phylogenetic analysis, Models and estimation procedures, in *Am. J. Hum. Genet.* 19(3 Pt 1), 1967, pp.233-257.

Egon Freiherr von Eickstedt: *Rassenkund und Rassengeschichte der Menscheit*, Stuttgart, 1934.
（アイクシュテット『人種学および人種の歴史』）

D. L. Hancock: Classification of the Papilionidae (Lepidoptera) : a phylogenetic approach, in *Smithersia* 2, 1983, pp.1-48.

Motoo Kimura: Evolutionary rate at the molecular level, in *Nature* 217 (5129), 1968, pp.624-626.

André Koch: Tatort Museum: Die außergewöhnliche Geschichte eines gestohlenen Schmetterlings am Museum A. Koenig, in *Koenigiana*, 14 (1), 2020, pp.23-30.

Hans Kotzsch: “Am Fundort von Parnassius autocrator Avinoff,” in *Entomologische Zeitschrift* 61 Jahrgang, 4, 1951, pp.25-31.

K. Omoto und C. W. Wyatt: Auf der Suche nach dem “Traumfalter,” in *Kosmos* 60, Stuttgart, 1964, pp.468-472.

Keiichi Omoto, Toru Katoh, Anton Chichvarkhin, and Takashi Yagi: Molecular systematics and evolution of the “Apollo” butterflies of the genus Parnassius (Lepidoptera: Papilionidae) based on mitochondrial DNA sequence data, in *Gene* 326, 2004, pp.141-147.

Keiichi Omoto, Takahiro Yonezawa, Tsutomu Shinkawa: Molecular systematics and evolution of the recently discovered “Parnassian” butterfly (Parnassius davydovi Churkin, 2006) and its allied species (Lepidoptera, Papilionidae), in *Gene* 441, 2009, pp.80-88.

Roger Verity: *Rhopalocera Palaearctica*, Florence, 1905～1911.
（ヴェリティ『旧北区の蝶類』）

N. Saitou and M. Nei: The neighbor-joining method: a new method for reconstructing phylogenetic trees, in

Molecular Biology and Evolution 4 (4), 1987. 406-425.
Göran Sjöberg: Colias ponteni Wallengren, 1867, in *Insectifera* 11, Uppsala, 2019, pp.3-100p.
Colin Wyatt and Keiichi Omoto: New Lepidoptera from Afghanistan, in *Entomops,* Nice, 1966, pp.170-200.
Nobumasa Yagi and Keiichi Omoto: Two strains in Colias based on the cytophylogeny of androgenic scales in marginal band of the wings, in *Kontyu*, 27 (1), 1959, pp.10-17.

本書執筆にあたり、次の方々にお世話になりました。感謝申し上げます。
（五十音順、敬称略）

青木健一
梅津和夫
太田朋子
小澤知良
勝山礼一朗
加藤徹
岸田泰則
斎藤成也
新川勉
高畑尚之
永幡嘉之
浜辺真歩
毛利秀雄
矢後勝也
米沢隆弘

尾本恵市（おもと・けいいち）
1933年東京都生まれ。1963年東京大学大学院理学系研究科博士課程中退。Ph.D（ミュンヘン大学）。理学博士（東京大学）。東京大学理学部教授、国際日本文化研究センター教授、桃山学院大学文学部教授を歴任。東京大学名誉教授、国際日本文化研究センター名誉教授。日本人類学会名誉会員、日本蝶類学会顧問。国際人類民族科学連合（IUAES）名誉会員。専門は人類学・集団遺伝学。日本人、アイヌ、フィリピンのネグリトなどの遺伝的起源をフィールドワークとDNA（タンパク）を用いて分析。蝶のコレクターとしても有名で膨大な標本が東京大学総合研究博物館に収蔵される。『ヒトの発見』（読売新聞社）、『ヒトはいかにして生まれたか』（講談社学術文庫）、『ヒトと文明』（ちくま新書）ほか著書多数。

朝日選書 1036

蝶《ちょう》と人《ひと》と　美《うつく》しかったアフガニスタン

2023年8月25日　第1刷発行

著者　尾本恵市

発行者　宇都宮健太朗

発行所　朝日新聞出版
〒104-8011　東京都中央区築地 5-3-2
電話　03-5541-8832（編集）
03-5540-7793（販売）

印刷所　大日本印刷株式会社

Published in Japan by Asahi Shimbun Publications Inc.
ISBN978-4-02-263127-5
定価はカバーに表示してあります。

落丁・乱丁の場合は弊社業務部（電話 03-5540-7800）へご連絡ください。
送料弊社負担にてお取り替えいたします。